The Rise of the Scientist-Bureaucrat:
Survival Guide for Researchers
in the 21st Century

科学官僚的兴起

21世纪科研人员生存指南

[西] 何塞·路易斯·佩雷斯·贝拉斯克斯　著

张凤霞　译

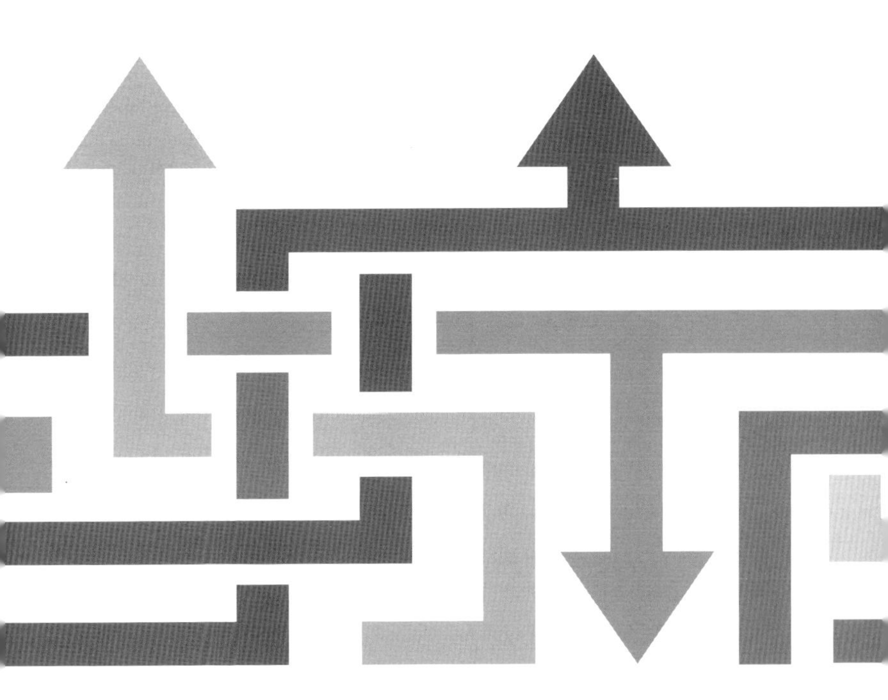

国防工業出版社
National Defense Industry Press

图书在版编目（CIP）数据

21 世纪科研人员生存指南：科学官僚的兴起 /（西）何塞 · 路易斯 · 佩雷斯 · 贝拉斯克斯著；张凤霞译 . —北京：国防工业出版社，2023.5
书名原文：The Rise of the Scientist–Bureaucrat: Survival Guide for Researchers in the 21st Century
ISBN 978–7–118–12830–7

Ⅰ . ① 2… Ⅱ . ①何… ②张… Ⅲ . ①科研人员 — 行政管理 — 指南 Ⅳ . ① G322–62

中国版本图书馆 CIP 数据核字（2023）第 028003 号

21 世纪科研人员生存指南：科学官僚的兴起
[西] 何塞 · 路易斯 · 佩雷斯 · 贝拉斯克斯　著
张凤霞　译

出版发行　国防工业出版社
社　　址　北京市海淀区紫竹院南路 23 号
电　　话　010-88540777
网　　址　www.ndip.cn
印　　刷　北京富博印刷有限公司
开　　本　787mm × 1092mm　1/32
印　　张　$6\frac{3}{8}$
字　　数　107 千字
版　　次　2023 年 5 月第 1 版
印　　次　2023 年 5 月第 1 次印刷
定　　价　68.00 元

人老如登山，你爬得越高，就越累，越喘不过气来，但你的视野会变得更加广阔。

英格玛·伯格曼（Ingmar Bergman）

前言

当科学家的脑海里浮现出一个猜想时，他会反复利用计算和实验的方法，也就是说，通过逼近真理和独自研究来验证这一猜想。它的合理性会影响其他科学家，认为这一猜想就是某种现象的正确解释，直到某一天有人发现它是错的。我认为，整个科学界都充斥着这种不断被舍弃或淘汰的思想。虽然每一种思想都曾一度倍受吹捧，但现在却徒有其名或被遗忘在角落里。

摘自弗拉基米尔·纳博科夫（Vladimir Nabokov）

《极北之国》（Ultima Thule）

纳博科夫上面的话是对科学工作的精辟总结。尽管现代科学与古代科学的共同理想都是解释自然现象，但与过去相比有了巨大的变化。受当前社会经济环境的影响，科学研究方法、科学研究表现及其学术环境在某种程度上都已经发生了转变。作为社会的一个组成部分，科学以及科学工作者都没有超越当前社会变革的范围。社会变革有许多推动因素，其中最主要的是经济因素。

本文内容一定会让很多读者——尤其是与科研界无直接联系的读者——颇为惊讶。当今时代，出现了一个围绕科学和学术构建的巨大机器，主要是官僚或行政性质的机器。事实越来越清晰地表明，它并不能提高研究质量，也不能让学者在这一学术领域中更轻松地遨游，做他们该做的事情，即开展解释自然现象的研究。我们要做的是在新事物出现时认识和接受它们，不做出过于主观的判断，因为事物在逐渐演化，人们必须适应新的环境。我们不需要像在日常生活中那样，总是对我们觉察到的事物进行评判和评价，把变化定性为变好或变差。但实话实说，我必须承认，我有理由而且有确凿的理由认为，目前的研究状况不如从前；因为科学家没有做他们喜欢做的事，也没有做他们该做的事——搞研究。相反，正如本书通篇所述，他们现在在行政工作和其他杂务工作方面浪费了非常多的时间。如果官僚事务只占据了我们很少一部分时间，没有人会抱怨，但问题是，我和许多科学工作者今天看到的情况是，这些事务占据了科学家的大部分时间，我们几乎没有时间去做真正喜欢的事情：思考和考虑问题、开展实验、分析数据和解释结果。

有些事情一旦曝光，可能会让一些人心烦意乱，甚至是坐立不安。然而，事实的确如此。本书中出现的所有具体事件都是真实发生的事例，唯一的改动可能是在叙述时加入了我的个人主观经验。我们永远不要忘了，书籍是个人作品。因此，它们在呈现时披上了一层喜剧面纱，因为我在很多时候都试图强调它们的喜剧性，甚至是荒谬性。虽然本书中讨论的话题都很严肃，可能会引导年轻人走上或远离科研道路，但我们永远不要忘记有人曾经说过："人生不必太过认真，因为你绝不会活着离开人世。"尽管如此，我依然试图为当今的科学事业领域提供一个公正的观点。同样，即使许多评论听起来像是激烈的批评，但我的本意并非批评。这些评论只是对学术界和研究现状的说明。然而，坦白说，在本书中我们将会探讨避免明显批评的对策，在每一节中，都有一个"可能的解决方案"小节，针对科研人员在其职业生涯中遇到的特定阻碍提供具体的建议。当然，这一领域的专业人士都非常熟悉这些建议，因此，对他们来说，这些建议并不新鲜，但要知道，本书针对的是这一领域的新人和其他行业的读者，他们可能不知道我们学术界的生存技巧。

本书的目的并不是让读者徒增烦恼，也不是要劝阻年轻学生从事科学事业。完全没有这回事。事实上，恰恰相反：本书的内容呈现了科学事业的真正面貌，提醒科研工作者注意在从事科研的道路上可能会遇到的问题。知道真相总好过一无所知或者被误导。要想实现科学的理想，解释自然现象，就需要对科学充满热情的年轻学生加入，因为他们对了解自然有着浓厚的兴趣，除了研究工作者，他们也做不了其他工作。在某种程度上，我们不得不承认，科学家和艺术家有一个重要的共同特征：强大的动力。艺术家通过艺术作品表达自我，科学家则通过研究人们认为重要、应该得到解决和证实的问题来展现自我。因此，不管情况有多么困难，真正的科学家和真正的艺术家都注定要从事他们的行业，因为这是他们的动力。对他们来说，艺术和研究根本不算是工作。当然，也有一些人没有那么强大的动力，他们只是把科学当成一份工作，那么它最终也只会是一份工作：为社会服务，换取工作报酬，尽管学术界的收入并不高。然而，当被问及从事什么工作时，前面提到的积极进取的科学家可能会稍有迟疑，因为对他们来说，怎么说呢，研究并不算是一项工作而是一种爱好，因为它所带来的快乐和满足感是其他事情无可企及的。正是由于这些原因，本书的一个目的是鼓励年轻人从事科学研究，尽管书中有些章节可能会有一些令人生畏的内容。本书还有另一个目的，也可以说是一个期望：普及意识，让科学新人认识到科学研究工作中存在的许多奇怪、矛盾情况，从而有足够的勇气把它改变成科学研究真正应该呈现的面貌，让科学家做该做的事：研究、实验、思考问题。尽管这听起来匪夷所思，但在当今这个时代，科学家并没有做这些该做的事情。下面就让我们共同来一探究竟吧。

何塞·路易斯·佩雷斯·贝拉斯克斯
（Jose Luis Perez Velazquez）
西班牙奥维耶多

目录

第一章

新科学家

科学官僚的兴起

在单刀直入展开话题，揭示当今科研单位的总体状况之前，我们先来看一张媒体上流传的科学家画像。它形象地刻画了这位科学家在获得经费或者在担任重要职务之后的状态。你从画像中看到了什么？一名科研人员，穿着白大褂，可能是正在实验室里，管理着一些实验器材，手里拿着移液管，眼睛盯着显微镜，身边还有一些科研仪器，但其实，她 / 他几乎不怎么使用这些仪器，甚至可能已经忘了怎么使用这些仪器。因为这位科学家身居要职，可能是实验室负责人（在科学界的说法是“首席研究员”，简称 PI），也可能是某个研究所的科室主任……不管是实验室负责人还是科室主任，她 / 他现在的职责都是领导实验室人员开展工作。但是，不用担心，你在画像中看到的她/他身边这些科研材料经常有人在使用，它们不会被浪费，只不过使用它们的人是实验室的实习生和技术员并非首席研究员而已。

但是怎么会出现这种情况呢？这位首席研究员是实验室的科研工作负责人，要做大量的实验，还要教学生和博士后研究员（简称“博士后”，学生和博士后可以概括称为“实习生”）如何操作精密的实验室仪器，如何进行具体的测量和实验，这些都是实习生想要跟着导师学习的知识，他们希望有朝一日离开导师的实验室之后自己也能当首席研究员。然而，他们通常只能跟着技术员或者高级博士后和助理研究员学习。导师在当上首席研究员之后，基本上就不再做实验和数据分析了。我们这里提到了本书当中的第一个悖论：她（为方便起见，我们假设画像中的科学家是一位女性）自己在学生时代时（首席研究员也是从实习生成长起来的），也学过如何做实验，如何做好科研，现在却发现自己的专业能力大不如从前。希望进入科研领域、终生投身科研工作的年轻研究员都要认清这样一个事实：当代科学家不再是真正的科研人员（真正的科研人员要亲自做实验，评估数据等），自从她当了实验室负责人之后，她就成了一位科学官僚。现在，她的时间主要花在处理大量的杂务上面，没有充足的时间去做好自己所学的专业工作（实验、数据分析，总之一句话：没有时间做科研）。她最主要的杂务就是筹集经费。

于是，她开启了一项新型研究，研究阵地不是实验台而是她的办公室：她要筹集经费，给技术员和实习生发工资，购买实验仪器、试剂以及实验室所需的其他各种用品。她现在的主要工作是撰写项目经费申请材料。不管你去问任何一位独立科学家，什么事情在他/她的工作中最花时间，绝大多数人都会给出一样的答案：撰写经费申请材料。你不仅要花精力撰写多项经费的申请材料，还要处理随后的各种事务。因为一旦撰写了足够的申请材料并且获得了足够的经费，就意味着你要分配更多的经费，填写更多的行政工作表格，还要向资助机构提交更多的科研进度报告和财务报告……永远不要低估提交经费申请以及经费获批后提交报告所浪费的时间和精力。总之，会有更多的杂务转移你的注意力，让你无法去做真正该做的实验室科研工作。在《有才华的年轻科学家厌倦科学界》（Young, talented and fed-up）这篇访谈中（https://www.nature.com/news/young-talented-and-fed-up-scientists-tell-their-stories-1.20872），可以了解到本书中多次提到的科学家的普遍不满，他们没有时间搞科研。此外，在《与官僚“九头蛇”的斗争》(Battling the bureaucracy hydra)[1]一文中，还可以了解到约根·约翰松(Jörgen Johansson)在获得欧洲科学研究委员会经费后的一系列冒险经历，它就像一只巨大无比又无法抗拒的怪兽把你的科研事业团团围住；你可以从他的经历中汲取教训，“必须马上开始合同谈判。我要阅读或填写19份不同的文件，合计有150多页。签合同的过程就像是对战一条官僚‘九头蛇’。我必须要把申请材料的正文和预算转换成法律文件”，而且，为了顺利拿到经费，他还必须要忍受其他痛苦。

首席研究员的主要工作并不仅仅是筹集经费和管理经费，还包括处理实验室所在或所属科室、大学或机构各项繁杂的行政事务。现在，学者必须要承担大量的行政职责。例如，通常情况下，学者每年都要接受内部或外部评审，便于机构详细了解每个人的具体表现。许多评审都需要写大量的材料，一些学者内心对这件事非常恐慌，甚至会主动放弃追求他们有资格获得的一些机会。例如，我曾听说，一些学者因为要填写大量的材料而拒绝申请晋升。我晋升副教授的材料（为了说明这种现象）有55页，而我晋升正教授的材料足足有121页（说来奇怪，正教授要填写的材料差不多刚好是副教授的两倍，可能是说正教授这个职位的重要性是副教授职位的两倍？尽管我的薪水在晋升后并没有翻倍。）然后，我们还要填写许多其他表格，包括实验方案伦理审批表、提交给资助机构的进度报告和财务报告、某些受控试剂的使用方案、本机构同事的同行评审评价以及发明和创意公开文件……你可以通过上面简短的不完整列表窥见一斑。而且，你在成为教授之后还会增加一项工作，大学会强制要求你承担教学工作，通常是从助理教授做起；但是，不管你是助理教授、副教授还是正教授，教学负担都非常重。研究生和本科生教学工作不仅要花时间讲课，还要备课、准备教学大纲、考试等。

但是她的新增工作内容并不只是教学、申请经费和行政工作这么简单，还有许许多多其他的事务。现在，她既然成了一名独立科学家，就要参与对其他科学家的评判工作。毕竟，谁让她是某个领域的专家呢？因此，她有能力审阅该领域学者的论文和经费申请。她会被要求加入资助机构的评审小组，然后收到几十个项目的经费申请，都得逐一阅读、了解并且打分。由于她具备专业领域的专业知识，所以还会被要求审核要发表的论文。她可能还会被邀请加入某期刊的编辑委员会，承担更多的职责，如处理期刊收到的论文，找审稿人审稿，阅读审稿人的评论和意见（实际上，这两个词在同行评审中是同义词），然后决定拒绝或者接受该论文发表。用专业术语来说，这项工作叫作“同行评审”。后面会有一个章节（第五章）专门论述这个主题，因为它是当前科研单位需要改进的一个基本方面。总之，今天的学者在行政工作上花的时间比实验室工作多得多。

但是，她在做实习生时，是否学过如何处理这些行政事务呢？尤其是如何撰写经费申请材料，以及在获得经费后，如何分配资金才能确保维持整个项目开展期间的正常运转。有人主张，要让实习生做好适应科学界高度官僚主义环境的准备，具体建议请阅读《为什么有抱负的学者要少做科学研究》（Why aspiring academics should do less science）[2]。我见过一些实习生因为今后可能会成为行政人员的就业前景而灰心丧气。他们之所以进入科学界，是因为喜欢做研究，而且希望一辈子都做研究，但是他们发现学术界正在变成一种产业单位。我们来看最近一则教授职位的招聘广告，看看该职位的要求，可以明显发现，这个学术性岗位看重的是创收能力和其他盈利能力：“申请人必须具备在科研 / 商业创收、参与研究影响议程、接触计算神经科学界主要利益相关者等方面的成功经验，而且必须具备管理和领导能力”。你在看完这则招聘广告上的要求之后，脑海里会想到什么呢？它难道不更像是行政类岗位的要求吗？并不像是探索某种自然现象成因和原因岗位的要求。

官僚主义对学术界日益严重的介入已经发展到了令人不安的地步，激发大量学者对科学界行政管理领域的危险发出警告。关于官僚掌管学术界的博客、社论和期刊文章不胜枚举，例如《卫报》刊登的《学术官僚势不可挡的兴起》（The irresistible rise of academic bureaucracy）一文提到大量行政人员渗透进了学术界。对此，各组织机构也阐述了自己的看法。《欧洲科学家》杂志刊登的文章中提到："官僚主义正在像瘟疫一样蔓延。它现在已经渗透到科学家生活的方方面面；时常让最坚强的研究员感到窒息"（https://www.euroscientist.com/hacking-bureaucracy/）。在这段话后面，还提到了一些建议："然而，随着科技的快速发展，现在有一些可以减少文书工作的简单方法，能够让科研流程更加高效、更加协作，让总体流程更加智能。当前，正是利用科技所创造的机遇去迎接挑战，消除官僚主义所带来的障碍的大好时机。"官僚主义介入科学界和学术界这一主题是本书的中心主题，它将本书所涉及的所有主题联系在一起，我们可以从中了解科学界到底是如何变成一种产业单位的。科学界能否避免这种官僚化、公司化的未来？下一节"可行的办法"提供了一些建议，至少可以帮助每一位学者减轻一些行政工作负担。关于减少科学界和学术界官僚主义的更多具体建议（有时是笼统建议），请参见下文论述具体主题的相关章节。

然而，减轻科学行政工作负担迫在眉睫，因为官僚主义正在限制科研工作的正常进展。我们以下面两件事为例，来说明行政管理事务对科研工作的限制作用。第一件事是，我们当时打算与另一家机构合作开展一个希望能预测脑损伤患者预后的项目。另一个研究所的同事到我们研究所来了几天，试验了研究方法，发现它在一小部分患者身上有明显疗效（他们带来了一些患者数据）。因此，我们决定更进一步，在多名患者身上进行试验，以评估我们所设计系统的疗效；于是，这些同事回到他们自己的机构，从多名患者身上收集数据。为了确保这个项目成功，我们要给他们提供我们的软件，即我们为实现这项技术编写的计算机程序软件，而且他们要给我们提供一些患者数据。尽管我们计划立即开始合作，但正当我们都对项目前景充满热切期待时，官僚主义闯了进来。因为需要交换代码和数据，两家机构都需要签署一些不同名目的表格，其中有一份数据共享协议。任何一方不签署这份协议，都无法开始研究。两家机构耗了 6 到 12 个月的时间才签完了这份协议，别问我为什么会花这么长时间。

等到最后这份协议签完时，可能我们的同事已经对这个项目失去了兴趣，可能是在忙其他项目，也可能是已经换到了其他岗位（具体情况我记不清了），因此这个项目也就不了了之了。通过这件事，我们可以了解到官僚主义能够多么有效地阻止一个项目。更确切地说，官僚主义根本不允许这个项目发展。因为我们除了在最初两天收集到了一些初步观察数据，并没有取得其他进展。然而，此项研究本来可能会对脑损伤治疗具有重要意义。我们再来看另外一个可能更加微不足道的例子。有一次，我们手里剩了一些经费，必须在规定时间内用掉这笔钱，不然将会被收回去。于是，我们决定用这笔钱来买一件必需的实验室仪器。我们找到了供应商，他们发来报价单，然后我们把采购表提交给行政部门。当然，只要是牵涉到官僚主义，就没有任何好办的事情：行政部门告诉我们说，由于这件仪器价格昂贵，我们不能只提供一份报价单，而是需要提供两三份报价单。你要知道，我们想要这台设备，而且有钱。但就是不行，规定就是规定，我们必须再找一家供应商，提供至少两份有竞争性的报价单。经费马上要到期了，所以我们努力去找其他供应商，但是因为这种设备非常特殊（如果我没记错的话，是一台恒冷箱切片机），当时只有一家公司生产这种设备。我们找了几家经销商，他们卖的基本上是同一款设备，但这样我们至少可以收集到两份报价单。然而，当我们把这些报价单和正式签字的新表格交给采购部门时，已经过了使用期限。我们不能再使用这笔资金了，因此，我们最后没能买成这件设备。这就是官僚主义最伟大的胜利：让最简单的事情变得不可能。以上只是繁重的行政工作造成研究中断的两个例子；这样的例子可以写满半本书，我就不再赘述了。

刚进入大学的年轻学生通常会对那些穿着白大褂、身居要职的著名科学家怀有敬畏之心，认为他们不分昼夜、不辞辛劳地在实验室进行各种实验和数据分析，提出许多探求自然现象本质的问题但却很少能找到确切答案，所以他们不得不反复思考可以揭示这一现象的其他实验和其他研究。他们不曾想到，原来这些科学家提出的是其他性质的问题。我进入大学一段时间之后才意识到这个问题；大概是在我进入研究生院之后，我才明白这些事情……但我必须承认我不太聪明！

受到这些事情以及我在工作机构中经历的其他事情的启发，我画了下面几幅关于该主题的漫画（漫画一）。最后一幅漫画画的是我的朋友爱因斯坦（Einstein）努力谋取首席研究员职位的过程，描绘出了科学界一个典型的官僚循环。下文讨论了其中的一些循环。

人类的这些行为并没有逃过天上诸神的眼睛，于是，他们决定惩罚人类。这种惩罚一定不是快速的，而是缓慢的，以此延长人类遭受痛苦的时间；不是短暂的，而是持久的，以此加剧人类遭受的情感伤害；不是间歇的，而是持续不断的，以此使人类变得更加疯狂……如果这确实有可能的话。

所以，他们创造了……

辞典：“官僚主义（bureaucracy）”的词源是法语单词“bureau（办公桌）”……某人坐在办公桌前，对办公室外人物的需求和目标视而不见

诸神的计策很简单。他们只需要派一名信使向某人的头脑中灌输一个想法，让这个想法在他们头脑内部运作起来。因此，虽然这个想法本身很有价值，但众神对这个星球上的居民了如指掌，知道自己可以依靠这些生物的两个主要特点……

……第一，他们生来就有让事情变复杂的能力……

……第二，自我的出现……

自然，这只是一个时间问题，可以让社会系统的复杂非线性动态运行，循环发展：从右到左、从左到右、从下到上、从上到下反馈、前进、前馈以及官僚机构得以生存和存续的所有可能闭环，然后……

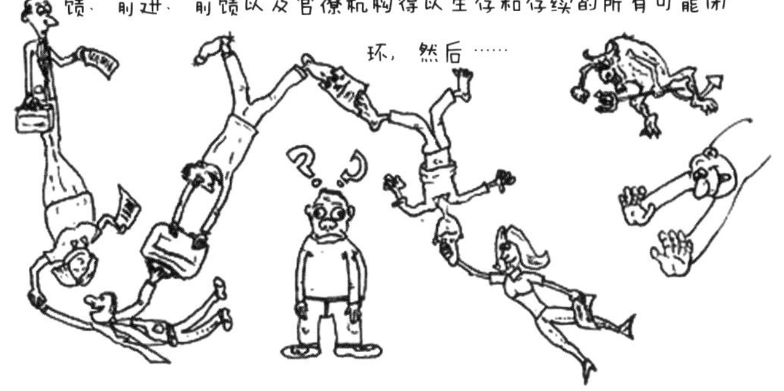

……官僚主义的思维方式会传播和感染原本不属于官僚机构的其他人

1.1 闭合循环

官僚主义会产生一些循环，其中许多是闭合循环。不言而喻，行政工作对科学界的介入造成了这些“奇怪的”循环。下面一幅漫画（漫画一）中的闭合循环或许最为常见，也最令人不安。如果年轻研究员在申请独立科学家（首席研究员）岗位时被要求证明自己有能力撰写经费申请材料而且能够获得经费，千万不要觉得惊讶；问题是，你在当实习生时不可能是申请经费负责人（通常连共同申请人都算不上）：你要先成为独立科学家，从事首席研究员工作岗位，才有资格去申请经费。因此，博士后是写不了经费申请资料的（好吧，这个人会写，其实一些首席研究员经费申请中的很多材料都是博士后实习生写的，但实习生不能当经费申请人。虽然这听起来很荒谬，但事实的确如此），但提供独立科学家职位的机构想知道你会写经费申请。只可惜，如果你告诉他们你在博士后轮换期间参与了经费撰写工作，他们并不会相信：他们想看到确凿的证据，想看到你以申请人身份申请到了经费……现在你看到的这个闭合循环是科学界众多荒谬的行政工作怪圈之一。

与证明你有能力写好经费申请这个循环密切相关的另

一个循环是，证明你有创造力，有自己的想法。为了阐述这个循环，我想讲述我在找第一份首席研究员工作时的经历。我面试的几乎所有机构都问了我同一个问题（如果没记错的话，8 场面试中有 6、7 场问了这个问题），我是否是真正的独立研究员，是否有自己的想法，是否至少部分开发了自己的项目。我说“部分”是因为我是博士后（申请首席研究员工作前的阶段），为老板工作，老板是实验室的首席研究员，他 / 她会安排你参与他 / 她决定的项目。根据所在实验室的不同，实习生或多或少都有机会开发自己的想法和项目；也有一些非常严厉的首席研究员不允许实习生开展除他 / 她指定以外的其他研究。以上就是另一个循环的情形：你在工作时只能听从老板的安排，但当你申请独立职位时，他们又要问你是否有自己的想法。更糟糕的是，在实验室实习生发表的论文中，实验室的首席研究员通常会署名所谓的资深作者或最后作者。在这里，我需要向该领域以外的读者澄清一下，至少在生物学领域，但我认为在大多数科学和工程领域，论文作者是这样确定的：第一作者是主要科研人员，最后作者或资深作者是有资金的首席研究员（这对我们的当前观点非常重要），负责提供主要想法和项目设计，中间作者是参与研究但贡献不及第一作者的人员。所以，博士后通常不是论文的最后作者，因此他们会被认为对项目的学术发展贡献不大。那么，我该如何向面试官证明我在博士后期间有自己的想法，而且开发了自己的项目呢？

不用等到下一节，现在我就来阐述解决这些闭合循环难题的办法。一切的答案都在首席研究员身上。我来说说自己做首席研究员时的做法。我会允许我的实习生研究自己的想法（当然，他们要先做完我安排的项目），在一些我贡献不大或者完全没有贡献的论文中，我会允许他们署名最后作者；有些论文我根本不想署名。但是，我必须要做到一种巧妙的平衡，因为实习生以第一作者身份发表论文是吸引意向雇主注意的一个基本能力。因此，不管博士后多么有创造力，工作多么努力，一直署名发表论文的资深作者会不利于他的发展。尽管如此，明智的首席研究员会允许有创造力的实习生在做出重大学术贡献的发表论文中署名最后作者。除了这个办法，如果首席研究员导师可以写一封推荐信，清楚、明确地说明博士后的创造力和独立性，将会不断减少这些闭合循环问题。这是我在给实习生，起码是已经有独立思考能力的实习生的建议中一直提到的一个方面。身为导师，必须能够对实验室的实习生因材施教。有些实习生希望导师告诉他每天要做的工作。没问题，我可以做到。还有些实习生比较独立，对研究的问题有自己的想法，我必须要允许他们去发展这些能力。他们必须学会如何提出适当的问题，如何寻找答案，也就是如何开展研究。但我现在就有点偏题了，这本书并不是教大家如何成为一名导师；然而，我建议所有导师都能认真考虑实习生的未来，在适当的时间采取适当的措施帮助他们解决申请学术岗位时遇到的一些闭合循环问题。如果实习生申请企业或其他领域的岗位，如编辑岗位，可能不会遇到这里提到的闭合循环问题，因为这些职位的创造力、独立性或撰写经费申请材料的能力可能不像学术研究那么重要。

另一个不可避免的闭合循环是在经费申请阶段。为了成功获得资助机构提供的经费，我们需要用初步观察数据来支持项目提案。但要想获得这些试点研究结果，就需要进行研究……但是研究还没有得到资助，所以现在要申请经费。怎么解决这个闭合循环问题呢？我们科学家的通常做法是挪用拨给另一个项目的资金来开展新项目，用这种方式获得初步证据，明确证明该项目将会取得良好结果。这种挪用资金的做法是否不公平呢？我不知道该怎么回答这个问题，但它似乎是获得新项目经费的唯一可行做法。说到公平这个主题，我们必须承认，一些机构为试点项目提供资金，理论上并不需要初步数据。但这只是理论情况，至少我在这些“试点项目申请”方面的经历是这样。美国国立卫生研究院有一个 R21 项目（探索性/发展性研究经费），理论上不要求提供试点研究结果。几年前，我提交过一份 R21 计划书，审查意见明确要求我需要提交大量的试点研究数据，但并没有提到“初步数据”这个关键词。鉴定专家关心项目的可行性，不管它是否可行，他们只是用另一种方式告诉我，他们希望看到“有说服力的”试点观察数据，再次明确证明该项目将取得良好结果。我曾经遇到过美国国立卫生研究院的一名专家，他告诉我说，“‘通常不要求初步数据’这条要求（因为我们可以查看美国国立卫生研究院官网上的各类经费说明），怎么说呢，有杜撰之嫌”。当你在科学界摸爬滚打多年之后，看过下面几节我在科学界的一些经历之后，你就会坦然接受这一切。

这里提到的几个闭合循环是我个人认为在学术研究中最让人心烦的问题。行政文化还衍生出了其他许多闭合循环，但由于这类循环太多，我们的篇幅有限，因此不再赘述。最后，我再讲述一个最近遇到的闭合循环，起因是我分别在一家医院和一所大学同时担任科学家职务（在医院或公司等其他机构工作的科学家一般都在大学担任一定的职务）。我当时在咨询能否休假一年，于是我去问医院的排班室，他们让我去问我任职的科室，科室也不能明确答复我的咨询，让我去问我任教大学的院系，院系没有说能休或者不能休，又让我去问医院的排班室。循环到这里闭合了。我最后也没休成假。

可行的办法

有什么办法可以摆脱官僚主义吗？毫无疑问，有很多科学家与本书的作者一样，他们不希望受困于行政事务，他们希望继续做科学家，而不是做科学官僚。在本节中，仅提供与这一问题有关的一些笼统建议，更多具体建议请阅读后面几节。

首先，我们必须要知道这是科学界的游戏规则，所以每个人都必须要遵守规则。尽管如此，我们仍有机会尽可能减轻官僚负担。我想到的第一个建议是避免位高权重，不要担任太重要的职位，也不要拥有太高的权力。科研人员的职位越高，越有可能被邀请加入各种专家组、委员会、编委会等。如果你的目标是成为一名高级科学家（某个科室、部门或机构的负责人），我可以非常肯定地保证，你每个月踏进实验室的次数不会超过两三次，而且每次只能待上几分钟。另一方面，如果你满足于只做个实验室首席研究员，乐于做一个不出名的科研人员，那么你可能会很开心能有更多的时间去投入到最能满足科学需要的工作中去，也就是实验，很欣慰可以探索某种自然现象的本质，努力寻找答案。因为研究需要花费很长时间，很多实验都因为这样或者那样的原因失败了；然而，答案就在那里等着我们去发现，对于一些科研人员来说，没有什么事情比在原地找到答案，在显微镜下进行观察，仔细检查蛋白质凝胶，或者分析计算结果更令人兴奋的了。

但是，一些读者现在可能会想，事实上，如果成为一名独立科学家，一名首席研究员，即科学家成为行政工作人员时就决定了会出现问题，那么最直接的办法就是不当首席研究员。你可以一直做博士后研究员或助理研究员，这样就能有更多的时间进行实验和思考。但是，这个办法有两个缺点。第一，博士后研究员是有时间限制的，一段时间后，博士后研究员必须转为助理研究员（基本上是较高级别的博士后）、技术员，或者通常必须转为独立科学家，也就是首席研究员。第二，不当首席研究员意味着你要一直听从别人的指挥，由于老板（即首席研究员）决定着实习生和技术员要研究的项目，因此你永远都没有机会研究你真正想要解决的问题，你的机会取决于首席研究员是否听取你的建议以及实验室里的实习生享有的自由程度。

实际上，并非所有科学家都像前两段描述的一样。有些科学家喜欢行政职务（尽管我所遇到的这类科学家非常少，但确实有），有些科学家希望借助学术阶梯爬上很高的职位。事实上，如果没有科学家想要从事行政工作，那将会非常糟糕，因为没人想当负责人，没人想当领导；但是科室、大学和研究所都需要领导和行政人员。一些官僚主义是学术组织正常运行的必须保障。因此，需要有科学官僚。几乎所有加入教授行列的研究员担任行政职务时，都会遇到官僚主义问题。卡罗林斯卡学院（Karolinska Institute）的前任院长汉斯·威格尔（Hans Wigzell）认为，"科学与官僚主义是相互冲突的"，尽管"需要好的官僚（……），但当官僚开始注重细枝末节，开始按照官僚主义的规则对各种事情指手画脚时，就很糟糕"。

有抱负的年轻科研人员可能喜欢阅读一些博客，持续了解关于"当前庞大的行政基础设施给首席研究员应做的工作（研究）以及他们真正在做的工作带来了怎样的改变"这一主题的文章，例如《人工移液器：生物医学研究领域的科学培训和教育》（Human Pipettes: Scientific training and education in biomedical research）。

参 考 文 献

[1] J. Johansson, Battling the bureaucracy hydra. Science 351, 530 (2016). https://doi.org/10.1126/science.351.6272.530

[2] http://www.sciencemag.org/careers/2016/09/why-aspiring-academics-should-do-less-science

第二章

时间宝贵

创造力何去何从?

在上一章中，我们介绍了当今科学界和学术界普遍存在的整体情况。在后面几章，我们将更进一步探讨这种情况的一些具体方面。科学研究要想得到明确的结果，就必须依靠大量的实验观测结果，还需要对这些观测结果及其相关理论和假设进行深入思考。然而，由于目前缺乏时间和经费，这并不可行。在我看来，缺乏时间最为困难，因为有些研究不需要太多的资金（比如理论研究），但所有研究，无论资金需求高低，都需要时间。

我们构建了一个把时间作为商品的世界（漫画二）。在科研单位，科学家担任多种行政职责，这就给他们如何对将要开展的多项工作（包括科研工作）合理分配时间制造了困难。但在现代社会，时间难题是个普遍现象，特别是当今科学家在面对这个难题时不得不舍弃多方面的真正科研工作。其中一个方面就是充分的思考和反思。布鲁斯・艾伯茨（Bruce Alberts）和他的同事们准确地阐述了这种情况："今天，科学界正在失去宝贵的反思时间"[1]。他们特别提到，科研人员需要时间来思考和反思要做的实验，也需要时间来解释观测结果；思考是科学家最重要的工作，然而今天它正在成为一种奢侈品。如今，许多实验和无数项目都没有进行太多反思。举个常见的例子，当一位科学家读到别人在某个特定模型系统中所做的实验（比如神经元电生理记录）后，想尝试在他喜欢的系统（比如肌细胞）中重复类似的实验。可这位科学家不仅缺少思考

漫画二

的时间，而且面临着必须发表多篇论文以及取得所谓“正面结果”的压力，这会扼杀他们真正的创造性思维，迫使他们耍弄手段来加速在上述结果、论文和经费方面的生产力。

另一个常见的手段是在设计项目时绕过思考过程。挑选几本科学期刊，找到热门话题，然后跟风去做。假设在生物化学领域，一种蛋白激酶因为某种原因激起了生物化学家们的热情，那么可以想象，如果你去研究这种蛋白，那就更容易获得经费，而且能够在更好的期刊发表论文，因为它是当下的热门话题。在我的职业生涯中，曾亲眼目睹过无数的热门课题刚出现不久就消失了，有时就是昙花一现。但无论这些分子、行星或化合物课题存在的时间多么短暂，只要它们能引起科学家、企业或政府的大力关注，就能给你带来好处。虽然说了这么多，诚然，你仍然要有足够的智慧才能够设计出与热门话题相关的项目，但可以说，它帮你回避了找到要解决的问题这个主要难题，因为它是当前的研究趋势。

我们必须时刻牢记，这些行为（以及其他章节将会讨论的许多其他行为）的根源在于当今科学世界的本质。而且，除了时间问题，这些问题还有一个共同的根源，即缺乏研究经费所导致的极端竞争环境。我们知道，过去科学家比较少，虽然资金也比现在少得多，但足够这些学者开展研究，所以竞争一直以来都是存在的，但过去不像今天这么激烈。一些作者用“超竞争”这类词语借助大量的篇幅来论证和传播这种情况对科学界的危害。下文有一章会单独论述当代科学界前所未有的激烈竞争。

不过，公平地说，不太关心经费和论文发表期刊的科学家可能不会屈服于这些行为。毕竟，这是个人的选择。在科学界，有些科学家想要名利双收，有所成就。有些科学家只是想要一份工作，养家糊口。还有一些科学家单纯是想满足自己对某些自然现象的好奇心，并不会考虑社会是否重视这些现象。归根结底，这是个人的选择。当然，如果你非常幸运地发现，自己的主要兴趣恰好具有极高的社会意义，比如一些研究在医疗领域有非常实际的应用价值，那么你就有可能在坚持自己热爱的同时收获名誉。

然而，如今缺乏时间的问题给学者们带来了严重后果。除了创造性思维的丧失，还有一个根本性的后果，就是急于进行实验来获得结果，这必然会制造隐患，最终不可避免会发表有缺陷的结果，这就是所谓的递减效应。

2.1 不可重复性问题：递减效应

“递减效应”非常值得讨论，因为许多非科研领域人士往往会相信媒体公布的科研成果，甚至会深信不疑。这种递减现象是指随着时间的发展，可以证实的“正面”科研成果越来越少。这里说明一点，正面结果是指证明某一理论或观点成立的结果，负面结果是指证明某一理论或观点不成立或者不能证明其成立的结果。遗憾的是，只有“正面”结果会被发表（但下一节列出了一些专门发表负面研究结果的期刊），“负面”结果往往会被忽略；我们将在后文继续讨论这个话题。

递减效应会造成非常麻烦的影响，尤其是在医疗救治领域。药物和其他医疗救治方法都要经过临床试验才能向公众发布。如果某种治疗方法或药物疗效很好，试验期间

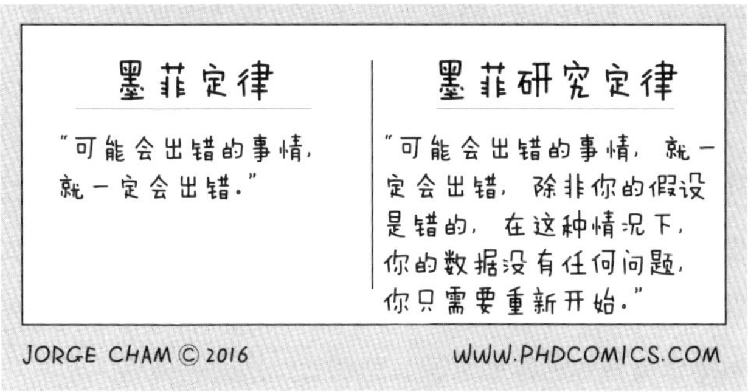

墨菲定律

“可能会出错的事情，就一定会出错。”

墨菲研究定律

“可能会出错的事情，就一定会出错，除非你的假设是错的，在这种情况下，你的数据没有任何问题，你只需要重新开始。”

 WWW.PHDCOMICS.COM

在患者群体中显示出“正面”结果，那么它最终会得到商业化应用，或者会进入药房。因此，药物和医疗方法设计公司非常渴望在临床试验中看到正面结果。这些试验涉及众多受试者，通常需要大量的经费。试验方法极其严苛，至少要符合目前的临床试验黄金标准，具体标准这里就不赘述了。可以说，这些实验都经过了非常认真的研究和评估。必须要这样做，因为治疗关乎人们的健康，没有人愿意发布有害的产品。J. 莱勒（J. Lehrer）在《真相逐渐消失》（The truth wears off，《纽约客》,2010 年 12 月 30 日）一文中试图阐述递减现象的本质。文章开篇描述了与会者的困惑，有人在会上宣布一些抗精神病药物的疗效正在明显减弱，然而之前有数千名受试者参与的若干临床试验表明，这些药物在减轻精神症状方面有很好的效果。从本质上说，这就是递减效应：后期实验不能重复初期实验良好的正面结果。大型临床试验和小型实验室项目都存在这种情况。

说实话，我必须承认，让实验得到某个现象的最初观测结果确实有点奇怪。我个人以及其他同事的经验是，初期大量的正面结果证明当时的理论或假设是成立的。虽然这听起来很奇怪，甚至很深奥，但是我和同事们在实验室里经常会遇到这样的情况，初期的一组实验得到了非常好的结果，迫使我们继续去做更多的实验，结果却发现，初期结果在过几天之后（取决于实验的性质，有时甚至在过几小时后）就不可重复了。总之，它只是一次侥幸成功。奇怪的是，这种情况在我身上发生了很多次，这种经历非常糟糕，因为我们在浪费时间研究毫无头绪的事情。假设实验观测结果服从高斯分布（又叫正态分布），那么前述非常有趣的结果则意味着，初期实验的观测结果位于高斯分布的一个极限。这些观测结果都是“正面”结果，因为它们具有很高的显著性；为了评估具体的显著性，用到了多种统计学检验方法，其中最简单的方法是 t 检验，在文献中，通常会有一个显著性 p 值。位于高斯分布极限或尾部的观测结果具有较高的显著性，即具有非常低的 p 值。如果你开始观测某种现象，就会发现数量较多、显著性较低的观测结果会位于高斯曲线的中心，因此在开始收集观测结果时，最早发现的就是这些结果，只是因为它们数量多。如果你掷出五个骰子，就会发现五个面数字相同的情况极少；出现次数最多的结果，也就是最有可能出现的结果，是五个面的数字都不一样。那么，假设你开始掷骰子实验，五个骰子一起连续掷六次，你观测到这六次中有五次都是一样的数字。这个结果很有意思，因为它太不可思议了，这就驱使你去继续收集观测结果，觉得自己在进行很有价值的研究。于是，你接着掷骰子，结果却有些失望地发现，后面十次的结果都在意料之中：每个骰子随机任意一面朝上。这只不过是均值回归，是随着收集的观测数据增多，抵消了早期的统计巧合。这是在非常小的掷骰子实验中观察到的递减效应。但正如前文所述，初期实验经常会出现这种有趣的结果，好像早期尝试是在探索高斯分布的尾部（尾部的概率较低），而不是它应该在的分布中间（因为概率更大）。本节是关于统计学的延伸话题，目的是为了说明递减效应可能并不像大家以为的那样出人意料。然而，在小规模实验室实验中，只涉及少量样本，但在大型临床试验中，却有数千份数据（每位患者算作一个观测数据）。因此，在第一种情况下，初期收集的观测值位于分布极限可能并不太奇怪，但在第二种情况下，有这么多的观测数据，初期收集的观测值依然位于分布极限的话，看起来就很奇怪。因此，在收集数据较多的情况下，初期的正面结果有时就是不可重复的。

2.2 不可重复性的本质

但是，我们先来问一个显而易见的问题：科研结果应该是可重复的吗？在任何学科（无论是超心理学还是医学），从大型临床试验到小规模试验，都经常会遇到初期结果不可重复的情况。这种不可重复性看起来倒似乎是可以重复的！然而，结果的可重复性是科学研究的根本基石和真正基础，即在受控实验环境下进行可重复性实验。在我看来，这种说法在很多情况下是一种谬论。这不是对科学的质疑，而是对神秘递减效应的解释。现在请你思考一下常做的各种实验的性质。一些实验要在平衡状态下进行（请原谅我，思考这个问题需要具备热力学的基础知识），比如生物化学中的典型结合测定需要达到热力平衡：把装有反应物的试管在冰上放置几分钟，让它达到化学平衡。由于化学平衡的性质（现在不需要深入论述化学），经过多次结合测定之后，得到的数据看起来会非常相似。这就是热力平衡系统的美妙之处，它们可以提供高度可重复的结果。事实上，其他需要接近平衡状态的实验可能是完全可重复的。但至少在生命科学领域，大多数实验环境都处于远离平衡状态。物理学家和其他科学家都知道，我们的宇宙之所以如此丰富多彩，正是因为远离平衡态。它是各种有趣现象发生的基础，比如湍流、混沌动力学、波动，以及由此产生的复杂现象变化（有兴趣的读者，可以阅读耶格尔（Jaeger）和刘（Liu）合著的一篇不太专业的评论文章《远离平衡状态物理学：综述》）[2]。由于未达到平衡状态，因此，对于在这些状态下所进行的研究而言，可控性概念是一种谬论，不可重复性自然随之而来。

下面举个例子，来说明我们假定的“受控实验条件”的谬误性。神经生理学中有一个记录脑片电活动的典型实验。我之所以选择这个体外电生理记录实验作为例子，是因为它接近平衡条件，至少对于记录槽中的脑片来说接近平衡条件。通常，脑片需要用一些类似体内脑脊液的介质进行处理。于是，把这个薄薄的脑片放入记录槽中，开始用介质进行处理，等待几分钟，直至记录槽的温度和化学物质达到平衡。然后，在实验装置控制好之后，开始进行电生理记录……但是，这样就可以了吗？我们先来看看记录装置。温度可能每天都不相同，这会导致介质开始流动时的温度不同。的确，我们突然意识到，冬天收集的数据看起来与夏天收集的数据不同。一位细心的同事发现，电生理装置实验室没有装空调，冬天的室内温度比夏天低得多，因此，在不同的季节，实验介质开始流动时的温度不同。虽然我们借助恒温器把记录槽设置在了一个特定温度，但如果你倒入不同温度的液体，它没有足够的时间达到平衡，因为液体会非常快速地流经细小的导管，将介质释放到小小的记录槽中。我们在每次实验前都把介质加热到相同温度，从而解决了这个问题。但它会在持续几个小时的长时间实验中慢慢冷却下来。实验条件每天都有差异的另一个原因是，这些导管会滋生霉菌或其他微生物，它们的代谢产物会进入记录槽中，并且改变样本的生理机能。这就是为什么所有神经生理学实习生都要学习装置用后清洗的原因，它和实验本身同样重要。有些时候，我们在实验中会遇到莫名其妙的电噪声，这种噪声会影响记录结果；我们有时能找到原因，有时找不到原因。至少，我们可以知道，实验条件可能并没有你想象的那么可控，需要付出时间和努力才能达到预期的“控制”。然后，我们还要考虑脑片本身，它本身是一块活体材料，因此并不处于平衡状态（对活体组织而言，平衡意味着死亡）。我们假设化学物质达到了平衡状态，但这种状态仅限于在记录槽中，在活体物质的微小空隙中并未达到这种平衡程度。总之，所有这些情况都会影响记录。

前面的例子说明，即使在相对简单的“洁净”条件下，也不可能完全控制实验条件。具体到认知实验或体内电生理记录时，实验条件更加不受控制。我们并不打算花大量的篇幅和时间来列举这些领域的一些典型实验，只能说，我们必须要尽最大努力来保持恒定的实验条件，并期待最好的结果。在神经认知实验中，有无数因素在起作用，包括实验志愿者的个人情绪，所以想要很好地控制实验条件几乎是不可能的。这可能正是多个认知项目报告结果有很大差异的原因。卡韦萨（Cabeza）和尼贝里（Nyberg）的论文《影像认知二：275项PET和fMRI研究的实证综述》[3]就是一个很好的例子，这篇文章分析了275个神经认知实验的差异。除了实验条件的变化，我们还必须要考虑研究收集记录和数据所采用的分析方法的巨大差异。J·卡普（J. Carp）在一篇关于241项功能磁共振影像研究的系统性综述论文[4]中指出，分析方法几乎与研究数量一样多（241种）。如果采用不同的方法分析认知科学中的典型高维数据，很可能会产生不真实的正面结果，因此实验结果自然会出现差异。

前文非常笼统地叙述了研究可重复性概念的各个方面，说明在许多项目中，尤其是在与生命科学和远离平衡的其他系统相关的项目中，结果差异是自然结果，也在意料之中。因此，差异不应该是科学家的公开敌人，而是自然动力学的自然结果。尽管如此，人们依然对可重复性充满担忧；我们来看两篇文章，一篇是社论文章《是否存在可重复性危机？》[5]，另一篇是前瞻性文章《可重复性科学宣言》[6]。如果读者想要了解更多内容，可以去阅读《自然》杂志。这是一本多学科期刊，有一个专门论述可重复性问题的社论和文章专栏，参考网站：https://www.

nature.com/collections/prbfkwmwvz（《不可重复研究的挑战》）。

2.3 只公布正面结果，不公布负面结果

> 我没有失败一万次，我从未失败过，我只是发现了一万种行不通的方法
>
> 托马斯·A. 爱迪生（Thomas A. Edison）

> 找出正确决定的唯一方法是知道哪个是错误决定
>
> 保罗·科埃略（Paulo Coelho）《朝圣》

如果我们决定把这种情况称为问题的话，那么可重复性问题和相关递减效应有两个根本原因：一是前文简要提及的倾向于公布“正面”结果，二是重视统计结果比较以及对统计显著性值的误解。只公布正面结果的倾向引起了人们的普遍担忧，有关这一主题的社论和文献数量在逐渐增加。用“负面结果”也许有些用词不当，可能会引起误解，因为负面结果和正面结果一样有用。托马斯·爱迪生非常明确地说过：“失败也是我需要的，它和成功同样珍

贵。只有在我知道所有不好的方法后，我才能找到最好的方法。”

我们提出了一些解决办法，甚至创设了一些专门发表负面结果的期刊，例如《生物医学负面结果期刊》、《负面结果和非正面结果期刊》、《负面结果期刊》、《正面的负面》（PLOS ONE期刊的一个专栏，专门发表负面和不确定观测结果）和F1000Research。所有文章都会经过透明评审，并且包含所有源数据。还提出了其他一些新的办法，包括创建开放访问存储库，具体的例子可以阅读斯库勒（Schooler）的文章《未发表的结果隐藏了递减效应》[7]。

但是，承认并且发表负面结果说起来容易做起来难。首先，我们需要转变思维方式，要认识到负面结果应该与正面结果一样重要。但这还不够。其次，我们还需要改变数据展示和阐释习惯。它与我们生活中的所有事情一样，一件事与另一件事是有联系的，没有什么事情是完全孤立的。到这里，我们了解到，可重复性课题涉及到科研单位的若干方面，包括不重视负面结果，认为实验装置可控，除此之外，还包括一些密切相关的原因，例如数据展示方式以及正面、有趣结果的利益方面。

2.4 p 值的一生：对真实的歪曲

> 更深层的原因是，我认为数值准确性违背了有机进化的多样性，而准确性的假象往往会掩盖我认为更有意义的定性特质。
>
> 阿瑟·T. 温弗里（Arthur T. Winfree）
>
> 《生物时间的几何学》

如果看看现在的文献，就会发现实验科学领域的绝大多数文献满篇都在用 p 值表示统计显著性。通常，我们会用整齐的平均值、严格的标准差和 p 值来表示数据。科学家大都追求统计显著性，不重视 p 值不够低的结果（p 值越低，观测结果的显著性越高），但是在我看来，用前文引述的爱迪生的话来说——失败非常重要。

展示总平均值、平均值和标准差本身并没有错。但展示平均值掩盖了差异性，这也是它会成为首选数据表示方法的原因。我们都希望我们的数据有说服力、清晰、令人信服，展示差异性没有任何帮助。平均值并不能反映总体情况，只有完整的概率分布才能反映，我们可以在概率分布的尾部看到离群值，你在做实验时可能会得到这样的结果。如果你是一位科学家，有时可能会试图重复开展一些已经发表的实验来开始你的研究项目。或许你有时无法重复论文中所列的数据，因为你的初期观测结果有时恰好是离群值，这些数值与文章中给出的平均值偏差很大。随着实验次数的增加，观测结果会回归到你选择作为项目起点的论文中发表的平均值，但你在初期收集的数据远非平均值，你可能会大失所望，并且可能会因此停止实验，这样的话，项目还没开始就结束了！

因此，除了要展示平均值、最小标准差和相关 p 值，展示完整的概率分布函数（pdf）也非常重要。查看完整的概率分布函数可以让你正视实验的预期结果：在整个概率分布中，离群值非常明显（这些离群值通常比较重要），从而表明它与预期结果的不一致性。你去看任何一个概率分布函数，就能对这种现象有一个更加综合、全面的认识。这样，你在开始收集初步数据时，可能就不会那么失望了，因为你知道你的观测结果处于概率分布函数的尾部，因此尽管不大可能，但仍是有可能出现的结果。同时，展示完整的概率分布函数还有一个好处，即可以减轻对统计比较的绝对重视。弗朗西斯·高尔顿爵士（Sir Francis Galton）在 1889 年出版的《自然遗传》（Natural Inheritance）一书中阐述了他对这一主题的看法：“我很难理解为什么统计学家要把他们的调查结果局限在平均值，而不喜欢从更全面的角度来看待结果。他们的灵魂对变化魅力的感知能力非常迟钝，就像生活在英国平原地区的本地人说起瑞士时的反应一样，如果把它的山扔进湖里，就可以一次性解决这两个麻烦了。”

本书不是统计学领域的专著，因此，我们不打算深入讨论p值的真正含义，以及它们经常被误用和误解的原因。所有研究生和很多本科生都学习了统计显著性的意义，但根据我个人的经验以及我读过的一些文章和社论来看，只有极少数的学生真正理解这个词的含义。同样重要的是，要让学生了解统计显著性的起源，尤其是罗纳德·A. 费希尔爵士（Sir Ronald A. Fisher）的故事。他曾非常武断地宣称，如果p值（概率）小于0.05，那么结果就具有统计显著性。即使是在一个多世纪后的今天，他的这种武断的突发奇想仍然统治着科学界和医学界。

统计学意义以及它的绝对权威可能是错误的、误导性的，我非常怀疑，数据展示和阐释是否应该由我们认为一度可靠的某个领域来决定，例如欧几里德几何学。当前，我们要郑重地改变对幂估计和其他统计方法的信任。许多著作论述了统计显著性的误导性概念（例如《统计显著性崇拜：标准误差如何让我们付出工作、正义和生命的代价》[8]）。甚至连美国统计协会也在2016年发布了一份政策声明，指出导致不可重复性“危机”的一个主要原因是在研究中误用和歪曲 p 值的含义，并且提出了一套合理阐释统计显著性值的指导原则[9]；这篇社论的主题思想是，科学家应避免根据 p 值得出明确的结论。有些人认为，即使是“显著”或“不显著”这类字眼也不应该在报告数据中使用。在医学界，误用 p 值显然会引起很大的麻烦，因为临床试验会（误）用这些统计概念来批准治疗方法[10]（你可以阅读参考文献 [11]，了解“为什么说发表的研究结果大多数是错的”）。

也许，痴迷大量的统计数据和量化正在促使我们忘记科学是一个提出问题（通常是关于自然现象的问题）和寻找答案的过程，并不是一个量化所有可量化事物的死板数字序列。我们可能正在失去提出问题的能力。罗纳德·D. 韦尔（Ronald D. Vale）在《提出问题的价值》[12]一文中指出：“科学首先是提出问题和寻找答案。孩童在探索和试图了解周围环境时，他们会本能地意识到这一点。然而，科学教育注重的是“事实”这个终极结果，而不是探索科学过程的根源。鼓励提问有助于将真正的科学精神带入我们的教育体系”，他的说法很有道理。我认同他的观点。我认为，教导儿童和青少年提出适当问题的艺术，降低对准确性的执着（正如本节开头引述的温弗里的话一样），告诉他们我们在大自然中观察到的一切现象都是趋势，而并非绝对的事实或确定性，将会改善科学的进程。

与这一主题密切相关，我们发现，我们今天的重点并没有放在问题决定的项目上，反而放在了假设决定的计划上。公平地说，我们必须承认，这两种制定研究计划的方法都是可以接受的，但正如我和其他许多人看到的情况一样，今天的问题是，资助机构坚持假设决定的计划。如果你一开始就有一个能够让评审专家明白的清晰假设，就更有可能拿到经费。我非常清楚，除非提出清晰的假设，否则一些科学家根本不会考虑你的计划。抛弃这种思维定式，平等考虑这两种策略，会更加合理和公平。如果我们想到许多伟大的科学和技术进步并不是依靠任何假设推动的，也就是说，牛顿、伽利略、达尔文、克里克、爱因斯坦、玻尔兹曼和其他许多伟人的工作并不迫切需要假设，这种想法会更加明智。相反，大多数伟大科学家的工作都是由直觉、适当问题和应用逻辑共同确定的。发明家和认知科学家马文·明斯基（Marvin Minsky）在《共聚焦扫描显微镜发明回忆录》[13]中说："我从未刻意地制定过周密的长期计划，我只是日复一日地工作，不做笔记，不赶进度，也不记录我做过的事情"。他的这段话让我耳目一新，但他的工作习惯并不适合我们大多数人，我们的智力有限，需要认真记录我们的工作内容。

综上所述，递减效应和实验结果的相关差异真的算是一个问题吗？人类最大的本领就是在没有问题的地方制造问题。然而，我们必须承认，它对于由于当前数据展示性质而难以重复实验结果的实验人员来说确实是一个问题。换句话说，它并不是一个真正的问题，而是我们当前无知和自以为是的一种表现。从本质上说，它是上述假设在实验条件下的可预测平衡状态。我在阅读文献时，几乎总是相信结果，因为毕竟观测结果和相关测量结果是真实的，但我也认识到，这些结果可能根本不存在（也可能被曲解或误解，那是另外一回事），或许只是某种特定现象的一种趋势。因为，在我看来，这个基本概念应该铭刻在所有学生的脑海中，我们在进行实验室实验时观测到的结果只是趋势，并不是基本真理。因此，如果我们能够接受我们发现的是趋势而不是确定性（请我再次重申）这一事实，那么不可重复性危机就化解了，我们也就心安理得了。由于大自然的构造，科学家们基本上只能发现趋势：大多数自然现象动力学都是由亚稳态（即产生差异的一种不稳定形态）控制的，因此随机性、随意性、噪声（不管你叫它什么）都是一种完全自然的状态。（Kelso）和（Engstram）合著的《自然互补》[14]一书完美阐述了这一概念。所以，如果你接受一般自然现象的内在动态不稳定性，那就会认为实验结果没有任何问题。从数据点集合到报告结果集合，所有的描述层面都具有随机性。既然你能接受构成实验观测结果的数据点集合的随机性，那么为什么不能接受个别实验集合中的随机性呢？（假设这类集合中的每个数据点不是一个具体的测量结果或观测结果，而是一篇发表的论文）

你在思考这些问题时，可能会想到，数据展示有关的问题其实是另一个版本的囚徒困境（漫画三）。

你是否曾尝试去重复某个已经发表的实验，却发现自己很难得到之前发表的结果？接下来，我们就来了解一下让科学家们都深陷其中的囚徒困境。在展示结果时忽略掉“离群值”的倾向，就像我们起床后吃早餐一样平常。这种倾向并不是偶然出现的，而是迫于科学审查的压力。毫不奇怪，在这种倾向的背后，隐藏着对经费、职位和荣誉的竞争。因此，我们处在博弈论中另一个版本的囚徒困境中，我们担心这种困难会引起麻烦。囚徒困境说明了为什么两个完全理性的人即使在对他们最有利的情况下也不会

科学研究中的囚徒困境

这些患者的治疗效果非常好……只有一个离群值，这当然会拉低平均值！呃……要不我干脆假装没看见那个可怜的人？反正隔壁就是火葬场……到底是“合作”展示全部结果，还是“背叛”让结果看起来很漂亮，这件事我说了算。

合作。对于完全不了解的人来说，合作是基本常识（摘自维基百科）。

“某个犯罪团伙的两名成员被捕入狱。两名囚犯分开关押，彼此之间无法沟通。检察官没有足够的证据来判定两名囚犯的主要罪名成立。他们希望以较轻的罪名给两名囚犯都判刑一年。同时，检察官向两名囚犯都提出了一个条件。每个囚犯都有机会做出选择：揭发对方，证明是对方犯的罪；或者与对方合作，保持沉默。条件是：

• 如果 A 和 B 互相揭发，分别判刑 2 年

• 如果 A 揭发 B 但 B 保持沉默，A 将被无罪释放，B 将被判刑 3 年（反之亦然）

• 如果 A 和 B 都保持沉默，两人都将被判刑 1 年（以较轻罪名量刑）

由于揭发同伴比与同伴合作得到的奖励力度更大，所以所有完全理性、自私的囚犯都会揭发对方，这意味着对两个完全理性的囚犯来说，唯一可能的结果就是相互揭发。这个结果有趣的地方在于，从逻辑上讲，追求个人奖励会导致两名囚犯相互揭发的结果，但如果他们相互合作、一起保持沉默，都会得到更好的奖励。”

具体到科学家进行数据展示这个问题上，我们可以想象，合作意味着每个人都清楚地展示所有的数据，这

样差异、负面结果和正面结果都很明显，而背叛意味着隐藏数据点的离群值，消除差异，只展示正面结果。事实上，我在提交评审的论文中不止一次遇到过这样的情况，审稿人会要求我不要提及实验本身的差异，或者删除那些使结果解释复杂化的麻烦数据点。由于展示不一致结果通常会导致论文被拒，于是，科学家们就会选择背叛，我们很少看到关于实验操作模糊性和不规律性的评论，因为我们都知道，忽略那些扭曲整齐、一致平均值的罕见事件，我们的论文更有可能获得发表，从而帮助我们成功申请到经费以及取得全职职位。如果我们选择合作，坦诚承认结果的差异，那么当你试图重复具体的实验时，事情会变得更加简单，因为实验人员会对预期结果的内在不规律性有清晰的认识。然而，这就和最初的囚徒问题非常相似，背叛者按照审稿人的意见选择忽略差异，会得到几乎完美的结果，从而能够比合作者发表更多的文章，获得优势。这样看来，合作似乎是一种相当不稳定的状态，尽管可能会出现上述可重复性问题，但背叛最终会流传开来。在这个具体问题上，合作会产生重大影响，不仅会影响进行实验的实践意义，让我们知道实验结果可能与期望不一致，从而让我们的实验生活更加轻松，而且会影响我们对自然现象的理解，因为在通常情况下，最为重要的是那些离群值而不是有着严格标准差的整齐平均值。我们只需要去问一问地震学家，既然大地震是相对于无数较小、不明显（除非用适当的设备进行测量）地震活动的绝对离群值，如果他们去掉大地震，那么他们还有办法工作吗？最后，你会对上面漫画中的人物提出什么建议呢？

参考文献

[1] B. Alberts et al., Rescuing US biomedical research from its systemic flaws.PNAS 111, 5773-5777 (2014). https://doi.org/10.1073/pnas.1404402m

[2] H.M. Jaeger, A.J. Liu (2010) Far-from-equilibrium physics: an overview. arXiv:1009.4874

[3] R. Cabeza, L. Nyberg, Imaging cognition II: An empirical review of 275 PET and fMRI studies.J Cogn Neurosci 12(1), 1-47 (2000)

[4] J. Carp, The secret lives of experiments: methods reporting in the fMRI literature.Neuroimage 63, 289-300 (2012). https://doi.org/10.1016fi.neuroimage.2012.07.004

[5] M. Baker, 1,500 scientists lift the lid on reproducibility. Nature 533, 452-454 (2016)

[6] Munafò et al., A manifesto for reproducible science. Nature Human Behaviour 1, 0021 (2017). https://doi.org/10.1038/s41562-016-0021

[7] J. Schooler (2011) Unpublished results hide the decline effect. Nature 470, 437. https://doi.org/10.1038/470437a

[8] S.T. Ziliak, D.N. McCloskey (2008) The Cult of Statistical Significance: How the Standard Error Costs Us Jobs, Justice, and Lives. The University of Michigan Press

[9] R.L. Wasserstein, N.A. Lazar, The ASA's statement on p-values: context, process, and purpose. The American Statistician 70(2), 129-133 (2016). https://doi.org/10.1080/00031305. 2016.1154108

[10] J.A.C. Sterne, G.D. Smith, Sifting the evidence: what's wrong with significance tests?BMJ 322, 226-231 (2001)

[11] J.P.A. Ioannidis, Why most published research findings are false.PLoS Medicine 2(8), e124 (2005)

[12] R.D. Vale, The value of asking questions. Mol Biol Cell 24(6), 680-682 (2013). https://doi.org/10.1091/mbc.E12-09-0660

[13] M. Minsky, Memoir on inventing the confocal scanning microscope.Scanning 10, 128-138 (1988). https://doi.org/10.1002/sca.4950100403

[14] J.A.S. Kelso, D.A. Engstrom (2006) The Complementary Nature, MIT Press

第三章

学术界企业文化与现行研究评价标准

人们只看到科学家花钱，却看不到他们思考……把大学教授变成行政人员

阿尔文·M. 温伯格（Alvin M. Weinberg），1961

随着科学官僚的出现，学术资本主义也随之兴起；事实上，这两个方面互相映照。金钱迟早会成为学术发展的主要目标和产物，这一点也不出人意料。我们只需要记住，在很久很久以前，贪婪的资本甚至就已经介入了最神圣的活动，比如奥运会。最早，希腊运动员纯粹是为了体育精神参加比赛，到后来，逐渐变成了是为了获得罗马征服者提供的奖金。他们说，金钱是万能的。除了在人们终

日忙于狩猎采集的远古时代，金钱一直都是万能的。退回到科学界，这种情况导致科学家评判新标准的出现。时不时地评价科学家的工作合情合理，过去的科研评价比较少，但在现代，科研评价已经发展到了制约科学家的创造力，妨碍科学家的基本工作，即创造性思维的地步。

我很幸运，我当年从事科研工作时，大学还不是像现在这样的企业组织。我基本上能够研究自己感兴趣的问题，不用考虑它对组织的经济回报，也不用考虑它能否马上应用到医疗领域。总的来说，我遵从了自己的使命。我们要认识到，在过去创办大学的目的是为了教学和研究，大学基本上不受决策者的影响，很少会评价学者的表现，因为人们认为他们知道自己在做什么。但近年来，科研人员的职业自主性正在被科研机构的管理和外部控制所取代。

3.1 规避风险，资助浅显研究——无穷小研究方法

出乎意料才是科学研究的全部意义

Brian Flowers（布莱恩·弗劳尔斯）

新思想的出现要经历三个阶段：行不通；可能行得通，但不值得做；我一直都知道这是个好主意

阿瑟·C. 克拉克（Arthur C. Clarke）

为了获得充足的资金来维持实验室的运转，今天的科学家需要进行功利性的研究。你提交了一份经费申请计划书，如果计划书没有写明项目能马上盈利，那么这个项目很可能申请不到经费。平心而论，的确很少有组织愿意资助纯理论研究，这类研究完全受好奇心驱使，试图理解和描述自然现象，完全不考虑利益问题。加拿大自然科学与工程研究委员会（NSERC）就是其中的一个例子，它不仅资助应用性研究，而且支持真正的学术性研究。但是对比 NSERC 与加拿大另一个资助生物研究（这类研究明显对医疗领域具有直接影响）的机构（加拿大卫生研究院，CIHR）所提供的经费，我们发现，NSERC 每年提供的正常运转经费约为 3.5 万加元，而 CIHR 每年平均提供的经费为 17 万加元（2017 年），几乎多出了 5 倍。加拿大的这个例子可以轻松推及到世界任何其他国家。虽然所有类型的研究都应该获得资助，但提供给“纯理论研究”和应用科学研究的经费不太均衡。今天，有一个不容置疑的事实，资助机构喜欢功利性研究，特别注重可以转化为商业化产品的短期研究。毫不奇怪，“转化研究”是当今科学界的重要关键词。尽管事实上，理论性研究最终可能会特别实用，但政府和行政人员都应该明白，不应该忽视任何类型研究的实用潜力。

科学愿景的实现可能需要理解自然现象，但在当今时代，你必须确保你感兴趣的现象具有在企业、医疗、商业等方面的实际应用价值。否则，你将无法获得经费，除非研究费用很低，不然就无法开展实验。一如既往，一个实例胜过千言万语。我想讲述一下我在创伤性脑损伤领域的工作经历。最早，我们开始在分子/细胞水平上进行生化实验和其他实验，研究可能的生化指标，以改善脑外伤和缺血性损伤（如中风后发生的损伤）造成的损伤，我们能够获得大量经费来资助实验和工资。该项研究显然具有潜在的药理应用价值，因此引起了资助机构的注意。恰巧，我开始对创伤后大脑动力学研究更感兴趣，这项研究不像前一个研究那样是细胞水平实验，而是所谓的系统水平实验。可以说，它是一项更加理论性的研究，目的是了解大脑细胞网络在脑损伤后的活动。因此，我们想要申请经费来开展我们的新研究，注意，两个研究都属于同一个领域：创伤性脑损伤。区别在于，这个系统水平的研究没有非常直接的实际应用价值，与创伤有关的分子研究相比，这个研究更偏理论性。我们年复一年地向加拿大和其他国家的资助机构提交经费申请；我记得我们至少向6家资助机构提交了相同数目的经费申请，结果一分钱也没拿到。公平地说，我们的一名学生确实获得了创伤后大脑动力学领域的研究奖学金，但没有拿到任何运转经费。由此可见，虽然是同一个研究领域，但由于描述水平从分子/细胞水平变成了系统水平，结果竟让实验室陷入了资金困难。事实上，我们所开展的大脑动力学研究可能在临床上非常有用，但当时这项研究是这类脑创伤研究的发端，因此它比较有冒险性，听起来过于理论化。同样，在癫痫大脑动力学课题领域，我们在2007—2015年期间提交了不下8次经费申请，结果只成功了一次。

资助机构不喜欢冒险，不欣赏不确定性，因此，他们几乎永远不会资助真正有创造力的创新研究，因为既然是创造性研究，那么就会有风险：我们不知道研究结果会怎样。因此，真正的研究本身就是不确定的，研究在于探索未知；有人曾经说过，如果我们事先就知道会观测到什么结果，这就不叫研究了。因此，我们得到的结论似乎是，资助机构不资助研究。那么，他们资助什么呢？托马斯·库恩（Thomas Kuhn）在他的《科学革命的结构》（The Structure of Scientific Revolutions）（1962）一书中提到了现在最有可能获得资助的项目，他的观点是，科学的进步是由公认事实和理论的积累推动的；所以，在我们这个时代，获得资助的都是揭示具体现象特征的项目，主要是旨在确认和澄清已知结果的项目。而且，项目内容越是浅显，越是容易得到“正面”结果，就越有可能获得资助。自20世纪中叶以来，甚至可能在那之前，库恩对公认事实“积累推动发展”的评价一直是业内权威。格哈德·弗洛里希（Gerhard Fröhlich）曾经说过：“大多数科学论文完全是重复的，只不过是定性的‘生产力’”，这并非偶然。

这并不是说研究具体的特定现象有什么问题，因为科学发展的步伐非常小，有时无限微小。问题的原因在于，无限小方法与较为整体的创新项目所获得的资助不均衡。这种不均衡普遍存在于科研领域的多个方面，我在本书中提到，这种不均衡正在变得越来越明显：大型团体与个人的经费不均衡，基础设施与运营研究的资金差距，科学家参与行政工作与真正实验室研究的时间不均衡，研究评价比例失衡、不公平，更倾向于行政和利润成果，而不是实验室工作。事实上，我认为，如果在上述方面或者其他方面做到了均衡，学术界尤其是科学界的整体情况几乎就是固化的（即使不是所有方面，至少目前情况的很多方面都是固化的）。

在目前情况下，提交和重新提交经费申请的流程是：你开始按照概念构想写项目原始方案计划书，写完之后提交给资助机构，一段时间后收到评审专家的意见和评分，未如期申请到经费；你认为，项目要更注重某些具体方面；于是，你开始修改计划书，去掉了较为整体的特点，然后重新提交，结果是仍然不够具体，于是你又修改了一遍提交上去，这次的计划书采用了无穷小方法，只研究已知事物的细节。资助机构看到后非常高兴，因为几乎可以肯定得到“正面”结果。你终于拿到了经费，恭喜你！因此，从最开始有研究想法到项目开始，需要经历几个月甚至几年的时间，具体时间要看资助机构要求什么时候提交申请。希望你那个时候仍然对这个研究有兴趣！

这里，我举个例子来说明资助机构（机构审稿人）的想法。我们向资助机构提交了一份经费申请，该机构承诺（机构网站上的原话）：“（组织名称）将支持真正**创新**和**冒险**的研究。”我们收到了审稿人对计划书的评论意见：“计划书**非常新颖**，考虑到了波动（……）；**有冒险精神**，可能会（……）。”你可能会认为，到这一步还算顺利，我们满足了机构对申请书提出的两个主要要求（上文加粗字体的内容）。后面的意见是：“冒险项目虽然有潜力，但我们不知道它能不能成功”，经费申请被拒了。现在你知道了，这就是他们所谓的创新和冒险。他们希望项目几乎肯定能“成功”，但我的项目是真正的研究，因此我们真的不知道它能不能成功！这正是开展研究、探索未知的乐趣所在！

在我们这个时代，你好像只能探索已知的事物。不管怎样，在这个例子后面，再对这个主题进行任何讨论都是多余的。我想节选利奥·西拉德（Leo Szilard）《马克·盖博基金会》（The Mark Gable Foundation）一书中关于破坏科学的诙谐性和预言性的言论，这本书写于1948年，最终于1961年才得以出版，所以这是一段真正的预言；得注意的是，即使在早期，已经能够非常明显地预测未来的情况。

如何阻碍科学的发展？设立一项经费计划（作者：利奥·西拉德）

"嗯"，我说，"我觉得这应该不难。其实，我认为这很容易。你可以设立一个基金会，每年捐赠3000万美元。如果需要经费的科研人员能提出一个令人信服的方案，他们就能申请到经费。成立10个委员会，每个委员会安排12名科学家，负责审批这些申请。让最积极的科学家离开实验室，让他们加入委员会。任命该领域最优秀的人才担任委员会主席，每人工资5万美元。设置大约20个奖项，每项奖金为10万美元，奖励给年度最佳科学论文。你只需要做好上面的工作。你的律师会轻松准备好一份基金会章程……"

"我觉得你最好跟盖博先生解释一下，为什么这个基金会其实会阻碍科学的发展”，坐在桌子另一头一个戴眼镜的年轻人说道，我在介绍时还不知道他的名字。

“这是明摆着的事情，”我说，“首先，最优秀的科学家离开了实验室，成了审批经费申请的委员。其次，需要经费的科研人员潜心研究被认为有前景的问题，非常肯定能取得可发布的结果。只需要短短几年，科研成果可能会有大幅增长；但长期追求浅显的成果，科学很快就会枯竭，将会变成一场室内游戏。有些游戏非常有趣，有些游戏寡然无味。一些游戏会成为潮流，紧跟潮流的人会得到奖励，其他人得不到奖励，很快这些人也学会了紧跟潮流。”

3.2 学术资本主义

> 在个体中，精神错乱是罕见的，但在群体、政党、民族和时代中，却很常见
>
> F. 尼采（F. Nietzsche），
>
> 《善与恶的彼岸》（Beyond Good and Evil，1886）

人们早在20世纪就已经预料到了目前的情况。上一节提到的物理学家利奥·西拉德的故事就是一个准确预测

的例子。政客们也预料到了这一点。例如，德怀特·艾森豪威尔（Dwight Eisenhower）在1961年就对大学的未来发出警告，他说大学“在过去是自由思想和科学发现的源泉”，但很明显，即使在那个时代，科学的主要目标仍然是金钱而不是发现。合同已经成了“求知欲的替代品”。你可以从中觉察到：科研正在朝着企业化的方向转变。因此，资助机构只愿意把资金投资给一定能取得成果的项目，最好是能赚钱的项目，即项目成果可商业化。

我亲眼目睹了学术界日益企业化的过程。首先，我发现我们院系年度总结会（科学家讨论院系或机构情况的例行聚会）上的用语有些出人意料，听起来很像是企业报告：战略规划、管理、明年要达到的特定里程碑以及其他一些词语都在提醒我，我所在的机构正在变成一家公司。有趣的是，“里程碑”一词在当今学术界已经司空见惯。这个词在需要实现特定目标的公司和行业中是有意义的，但具体到真正的学术工作，唯一要做的就是日复一日地做研究（有时，我会在年度内部评审或进度报告中的“明年计划里程碑”部分填写“继续开展关于这个或那个的项目”）。令人惊讶的是，总结会上讨论的很多事项都是如何开展更多的合作，如何组建更大的研究联盟，甚至会有行政人员来教我们如何管理以及如何开展相关的工作。我天真地以为，我们会在这些总结会上讨论我们在项目中所做的基础研究、未来的研究思想和建议，但不知为何，这些讨论只是一带而过，而且大多是在酒吧里与同事们边喝啤酒边讨论。

很多人提出了警告，提醒大家警惕学术机构正在转变成企业。一些人认为，这种“学术资本主义”助长了学术造假，由于处理不当，一些研究变成了悲剧。在外科领域，曾经发生过一起研究悲剧，卡罗林斯卡医学院的一名外科医生，据说是发明了一种再生医学的突破性新疗法，结果却被指控学术不端，违反伦理道德进行实验手术；共有 8 名患者接受了他的人工移植手术，其中 7 人死亡。另一起悲剧是斯蒂芬·格林姆（Stefan Grimm）教授自杀事件。他在 51 岁那年自缢身亡。格林姆是英国帝国理工学院的一位生物学家，由于他的研究开销不够高，需要接受绩效考核，面临被解聘的危险。他是学术界企业化和科学家考核新标准的受害人。与世界上其他许多机构一样，他所在的机构要求每位学者每年都要达到一定的最低经费金额（预计每年 20 万英镑）。格林姆很难达到这一最低经费收入要求，虽然他申请到的经费似乎足够他的研究，但我想这并不算数。格林姆在死后一个月自动发送的一封电子邮件中，讲述了他死前的最后想法，他的原话是：“这不再是一所大学，而是一家企业，只有极少数人能像我们强大的领导一样站上等级制度的顶端牟取暴利，而我们其他人都是他们榨取金钱的机器，教授需要贡献经费收入，学生……”这封邮件是从格林姆的邮箱发送出来的，显然他设置了延迟定时发送。可以想象，他在写这封邮件时，就已经做好了自杀的打算，其中有一句话这样写道："这就应了一句老话‘不发文，就走人’。但现在的情况是‘发了文，也得走人’"。几个网站都转载了这封邮件，《伦敦帝国理工学院发了文也得走人：斯蒂芬·格林姆之殇》(全文可参考：http://www.dcscience.net/2014/12/01/publish-and-perish-at-imperial-college-london-the-death-of-stefan-grimm/)在这些事件发生后，伦敦帝国理工学院仍然启动了“评审流程”。

这种情况会产生什么后果呢？除了下一节重点讲述的科学家评价新标准，我们来简单回顾一下过去的一些发现。曾经有一段时期，大约是19世纪末至20世纪中，科学界出现了一些基础性的新范式，比如达尔文的物种起源理论、热力学的发展、量子物理学、分子生物学的诞生、相对论、电磁学。科学革命带来了新范式。我们今天能否看到任何新范式的出现呢？有趣的是，尽管当今的科学家们具备巨大的技术储备，但与前文提到的麦克斯韦、达尔文、玻尔和其他敢于凭借个人兴趣和使命感提出新问题和探索不同方法的学者所生活的时代相比，今天的科学家们却很少（即便不是完全没有）取得突破性的新范式和基础性的新发现。今天，我们不再培养好奇心、创造力和使命感。科学探索活动正在急剧衰落。几十年来，它一直在衰落，这种衰落或许可以预示科学在不久的将来会变成什么样子。如今，很少有人敢于去探索真正的创新理论或非常新颖的道路。我的经费申请屡次被拒，用评审专家的原话来说，是因为："受到研究探索性的阻碍"。现在，如果你所研究的领域不需要太多经费，比如纯数学或理论物理等理论领域，你或许能够提出真正有突破性的思想。但如果你需要资助机构提供大量的经费才能维持实验室运转，你就无法去做真正创新的研究……除非那家机构的高管是你的至亲或者好友。当今的科学研究项目好像更多是受商业报酬而非好奇心的驱使（例如安排给学生的典型论文项目几乎肯定能产生理想的"正面"结果，以便他们能顺利取得博士或硕士学位）；也许是由于巨大的技术进步，我觉得很多时候我们收集数据不是因为想要解答特别迫切的问题，而是因为我们能够收集这些数据，因为由于现有的方法我们能够进行这些实验；这样一来，一些科研人员就被技术束缚了。

在学术界中，影响科学革命进展的新格局还会产生另一个结果，即身为学者，最好是要非常专业，成为某一特定领域的权威，而不是像以前的科学家那样博学。引用威廉·比亚莱克（William Bialek）的话：“经典物理学的一些巨擘，如亥姆霍兹、麦克斯韦和瑞利，经常跨越不同学科之间的边界”；在我看来，一名科研人员的视野越宽广，他的头脑中就越有可能浮现新的突破性思想。如果你去看学术职位的招聘广告，就会发现只有少量职位会要求求职者具备各个领域的广阔视野，绝大多数职位都更青睐精通某一特定领域的求职者。因此，我们都越来越专业，但我担心会出现尼古拉斯·巴特勒（Nicholas Butler）所说的情况：“专家对越来越少的领域知道的越来越多，最后他会变得一无所知。”

有些人可能认为，近期没有出现科学革命的原因是几乎所有可能的革命性概念和理论都已经被发现了，没有什么真正的新范式有待发现，例如约翰·霍根（John Horgan）在《科学的终结：在科学时代的黄昏中面对知识的极限》一文中的观点。我不确定这种观点是否正确。如果今天有人问我，我是否认为没有有待发现的新范式，这就像问伽利略，他是否认为电磁学或量子理论会成为未来物理学的一部分。我不知道答案。我们没有足够的想象力或知识来断言科学是否会因为缺乏新的理论概念而终结（并不是说新现象会终结，因为新现象层出不穷，会让我们忙个不停，我们这里谈论的是概念革命）。亚里士多德早在两千多年前就说过，“几乎所有的现象都已经被发现了，但有时它们并未交织在一起”；有趣的是，在不同的时代，总有一些人认为他们几乎已经掌握了所有的知识。我的直觉认为，仍有一些革命性的概念有待发现，我能说的只有这么多。

考虑到新出现的学术资本主义所产生的这种情况，我们提出了一些倡议。其中一项倡议是2016年发布的《布拉迪斯拉发青年科研人员宣言》（Bratislava Declaration of Young Researchers），呼吁欧盟委员会（EC）认识到青年科研人员所扮演的特殊角色，还谴责“以经济为导向、以影响力为中心的官僚体系”阻碍创造力、好奇心和创新，即科学进步的全部动力。值得一提的是，这项宣言是由青年学者和处在职业生涯早期的科研人员提出的，并得到了他们的大力支持，这或许预示着态度的转变即将到来。我们只能寄希望于此，因为科研单位现有的行事方法在评价研究和考核人员时，会产生灾难性后果，这是我们下面要讨论的主题。

3.3 文献计量学——科学家的最终评判方法

智慧的艺术，就在于懂得要忽略什么

威廉·詹姆斯（William James），

《心理学原理》（The Principles of Psychology，1890）

另一项努力为科研人员评价提供指导建议的倡议是《莱顿宣言》[1]。随着学术界企业文化的迅速发展，科研人员的评价标准也在发生变化。科学家们都知道，但科学界以外的大多数人都不知道（他们仍然认为科学家的评价标准是他们的才智），他们现在最重要的绩效考核标准是数字，尤其是拨款数额（也就是资金）和发表论文数量。还有一点值得一提的是，成就一名伟大科学家的性格特点，如主动性和好奇心，不会带来任何加分。但这是可以理解的，不然我们如何去衡量一个人的主动性、好奇心和其他特征呢？为了让事情变得简单，我们需要能够衡量的标准，所以为了方便，干脆跟数字挂钩，从而节省评审专家公平地评价学术成就所需的时间。

《莱顿宣言》的作者提出了公平评价研究工作的 10 条原则。他们认为，科学家如今在用数据影响和决定科学的进程，事实上，大多数科学家也是这么做的（有意思的是，我们都意识到了这种情况，而且大多数人并不赞成这种情况，但这种情况依然存在，我们并没有采取什么行动去改变它，正是因为如此上述倡议才显得愈加珍贵）。过去个人化的研究评价现在成了例行公事，评价依赖于多项指标，比如发表论文数量、拨款数额和资金金额、影响因子值、实验室的实习生人数……在当代，每一位学者都必须熟悉文献计量学（书面作品量化分析）这个通用术语；与之相关的是，我们今天发现一大堆奇怪的指数，试图进一步量化科学工作。这些措施虽然在图书馆和信息科学领域非常实用，但在较为现代的应用中，它们作为评价科学研究工作质量指标时是无效的。在主要科学期刊和其他阵地，有许多关于无意义量化应用的社论和评论文章（使用“无意义影响因子”进行搜索，你会找到 1200 多万个结果，其中一些是社论），因此，科学家没有必要持续关注这一主题。

与科学界出现的其他特点一样，我们不可能确切地知道某个概念的提出者头脑有多聪明，知识有多渊博，所以科学家的论文、经费、学术报告和其他科学活动等随意性量化数据可能是公平评价研究的指标。今天，科学家、科研机构和科学期刊都倾向于通过影响因子、h 指数、f 指数等指数来评判某项研究。这些指标所衡量的对象实际上是不应该去衡量的东西，如研究的影响力、创造性和生产力。这样一来，向一些资质机构申请经费的申请人不仅要列出一些虚高的指数，还要记录更多的数字，如论文被引用次数。我近期在申请一笔经费，需要查清楚我的一些论文被引用的次数；我发现有些搜索引擎可以提供这项数字，但我没有想到，不同引擎提供的数字都不一样！有时，不同数字之间的差别很大，比如，我的一篇论文在两个搜索引擎中查找到的被引用次数分别是 82 次和 120 次，另一篇论文在三个网站上查找到的被引用次数分别是 259 次、233 次和 37 次（!?）。那么，我应该写哪个数字呢？显然，我们要选引用量最高的那个数字……由此可见，在评价科学家的过程中，引入了更多的随意性，好像是觉得还不够随意似的。我不知道世界上有没有科学家认为收集这些完全随意并且有很多错误的数字和指数（因为无法准确检索计算这些指数所需的信息，我们已经看到，我的论文引用量搜索结果有很大的差别）是有价值的工作，但我知道，行政人员和政界人员并不觉得这些比数字 i（定义为$\sqrt{-1}$）还虚假的数字有什么不妥。

大家都很熟悉这些指数的提出者。例如，E. 加菲尔德（E. Garfield）参与提出了影响因子（漫画四），但他在 1998 年就曾公开表示，该指数并非用于科研人员评价；

他的原话是："人们对期刊影响因子的焦虑主要是因为它们被误用于科研人员评价，例如职称资格评审。我发现，欧洲很多国家为了简化科研人员的实际（真实）引用量查找工作，会使用期刊影响因子作为引用量的代替指标。我一直都在提醒不能这么做。即使是同一份期刊，不同文章的引用量也有很大的区别。"[2] 如果你想了解更多详细信息，请阅读参考文献 [3] 中影响因子的计算和局限性；R. 阿德勒（R. Adler）、J. 尤因（J. Ewing）和 P. 泰勒（P. Taylor）关于引用量统计的论文[4] 中也提到了同样的信息。

影响因子最早是在 20 世纪 60 年代开始使用，当时图书管理员和其他类似领域的工作人员实际上是用这一方法来比较科学期刊和管理期刊库存。但它后来为何会被用于评判科学家的绩效呢？同样，它的主要原因仍然是时间问题。如果只通过一个数字来评价一个人，比对他进行全面评审要节省时间得多。问题是，它只是一个粗略的统计数据，对于不同学科的不同期刊、不同学科的不同科研人员或者某篇论文或某个发现的实际影响比较来说毫无用处，因为我们经常遇到的情况是，期刊影响因子每两年评估一次，但通常会在未来若干年之后才能感觉到它的影响。我们似乎只关心最近的生产力。因此，如果你在申请经费时，资助机构要求你列出你认为自己近十年左右最好的论文，就好像你 15 年前的研究现在已经毫无价值一样，千万不要感到惊讶。

诺贝尔奖得主马丁・L. 查尔菲（Martin L. Chalfie）在一次简短的采访中表达了他对这个众所周知而又臭名昭著的影响因子指数的看法（“你如何看待影响因子？”https://www.youtube.com/watch?v=sCAsAKgNPjs），他在采访中说，“我可以明确地说，我憎恨影响因子”，大概在视频两分半的地方，查尔菲解释了影响因子最初的真正用途。可以说，它从来都不是科研机构或科学家的评判标准，但在我写下这些话时，这种误用行为依然存在……今天，几乎所有的科学家都同意，期刊影响因子不应该用来评估科学家的研究；我甚至可以说，整个科学界都同意阿德勒（Adler）等人的观点“单独依赖引用数据充其量只能对研究有一个不完整的浅显了解”。然而，我们仍在使用这个指数！ H. K. 舒特（H. K. Schutte）和 J. G. 斯韦克（J. G. Svec）在《Folia Phoniatrica et Logopaedica》期刊发表了一篇文章，完美揭示了这种不真实量化情况的荒谬性，因为它引用了该杂志两年来发表的所有文章，使得该杂志的影响因子从 2005 年的 0.655 提高到了 2007 年的 1.44，增加了不止一倍。作者在论文中公开表示，他们写这篇文章的唯一目的是提高期刊的影响因子：“虽然我们知道这种做法荒诞可笑，但我们认为它充分反映了一些国家荒谬的科研现状”。

生物化学家G. A. 佩特斯科（G. A. Petsko）在《Genome Biology》期刊中发表了一篇评论，举例说明了这个问题的本质。这篇评论非常幽默，我们在下面引述了它的全文。

影响（因子）

佩特斯科

地　址：美国马萨诸塞州沃尔瑟姆布兰迪斯大学
罗森斯蒂尔基础医学研究中心
邮　编：02454-9110。
邮　箱：petsko@brandeis.edu
发表日期：2008年7月29日
Genome Biology 2008, 9:107
(https://doi.org/10.1186/gb-2008-9-7-107)
电子版文章全文查看网址：http://genomebiology.com/2008/9/7/107

时　间：不久的将来。

地　点：天堂之门的入口。周围到处都是松软的云朵。中间有一个讲台，上面放着一本巨大的书，书本打开着。一个高个子站在讲台上，身穿白色大长袍，头发和胡子也全是白的。一个身材瘦削、戴着眼镜的中年男子满脸疑惑地朝他走了过来。他是最近刚刚去世的一位基因生物学家的灵魂。

基因学家：天哪，这里是……吗？你是……吗？我真的……吗？

圣彼得：是的，我是圣彼得。没错，这里就是你的灵魂进入天堂的入口。

基因学家：哎哟，我的意思是，我虽然没想过永生不死，但这也有点太突然了。（停顿）好吧，我想我可以接受。嗯，我的意思是。

圣彼得：我知道了。

基因学家：好吧，起码我来到了这里。我并不担心死亡，但知道自己能去天堂，我就放心了。

圣彼得：恐怕事情没你想得那么简单。我们还得核对一下。

基因学家：核对什么？

圣彼得：你的生平事迹。（他翻着那本巨大的书。）这里都有记录，你知道的。

基因学家：这我肯定知道。我能想得出来，你们保存记录的 PubMed 看起来像一叠索引卡。不过，你们居然不用现代的东西，这让我有点惊讶。

圣彼得：如果你想说个人电脑的话，是的，我们不用那个东西。毕竟，那是别的地方发明的东西。

基因学家：你是想说人间吧？

圣彼得：不，是一个非常温暖的地方。（他停在了某一页上面。）你的记录在这里。

基因学家：嗨，我才不担心呢。我可是一位优秀的科学家，一位遵纪守法的市民，还是一个顾家的好男人。我从来没有……

圣彼得：是的，没错，这我知道，但你也知道，这些都不重要。唯一重要的是你的IF。

基因学家：IF是什么东西？

圣彼得：就是你的影响因子。我们现在只看这个。如果你的IF高于10，那么你就能进来。如果低于10，就不好说了。

基因学家：我的影响因子？到底是个什么鬼——哦，抱歉——东西？

圣彼得：这是我们从人间的科学家那里学来的。我们以前做这件事可费劲了：我们要派一位刚刚会飞的天使去查看你的行为，看看你的一生给你的朋友和家人带来了怎样的影响，考量你的意图和你的行为等等这些。这项工作非常枯燥乏味，而且需要大量的新天使，自从自由市场资本主义盛行以来，天使就变得有些稀缺了。然后我们注意到，你们科学家从来不为这类事情发愁。如果你们要评价一个人，你们只看影响因子这个数字。所以我们就跟你们学会了。现在，如果有人来到这里，我们只看他的影响因子。

基因学家：就只看这一个数字？你们疯了吗？你们不能用一个数字概括一个人的一生！

圣彼得：你们就是这样做的。至少，你们在确定别人是否在顶级期刊发表论文，或者工作是否最出色时，是这样概括别人的职业的。你们就是这样确定谁能升职、谁是杰出科学家以及谁能获得资助的……

基因学家：没错，但这是个非常糟糕的主意！我们就不应该这么做。它在短短几年内毁掉了欧洲的科学，然后传播到澳大利亚、中国和日本，最后又传播到加拿大和美国；没过多久，科学就完全被缺乏想象力的官僚控制了，他们什么都用这个数字。这简直就是一场灾难！

圣彼得：加菲尔德可不是这么想的。

基因学家：加菲尔德是谁？

圣彼得：尤金·加菲尔德博士。他提出了引用分析，想起来了吗？他认为使用 IF 是一个很棒的主意，实际上，这是他所提出的引文索引的一个逻辑延伸。所以，我们才开始用它：这就比如，我在这里看到你们会定期向当地一些慈善机构捐款一样。

基因学家：当然，他们这么做很好。我从来不这么做，因为我认为它虽然能让我们进天堂，但……

圣彼得：这也无妨，因为这么做并不会让你们进入天堂，你知道的，这些都是当地慈善机构，影响因子很小，而且对你的总体影响因子帮助也不大。再说了，这个主意能有多糟糕呢？为什么这么说呢，《Genome Biology》期刊在官网顶部公布了它的影响因子。你以前不是给他们写过专栏文章吗？（他又看了一眼书本。）天哪，我看到这并不会对你的总体影响因子有多大帮助。

基因学家：简直是荒谬至极！我刚才就是想跟你解释这个问题。这就好比说，一篇论文只有发表在《自然》、《科学》或《细胞》上才算有重大影响。一旦这样，发表期刊的影响因子就替代了你个人的判断。在奖学金发放、岗位招聘、职务晋升或经费计划书评选时，没有人愿意再去读论文；你只需要去看他们在高影响力期刊上发表了多少篇论文。没有人会考虑论文更适合发表在较为专业的期刊上还是之前发表过其他论文的期刊上；没有人会考虑那些屈指可数的高影响力期刊有没有最好的审稿人或者是否因为发表压力而屡次出现错误。你看，过于依赖一个愚蠢的数字给一小群编辑赋予了掌控别人职业命运的权力，而这其中的大多数人，他们从未见过，从未听说过，也从未读过他们的论文。这可能是卡斯特将军（General Custer）认为他能率领几百人的军队包围整个苏族以来最糟糕的主意。

圣彼得：没错，“席廷·布尔牛”（Sitting Bull，美国印第安人苏族部落首领，率领部众击败美军，击毙了卡斯特将军）也在谈论这个问题。

基因学家：啊？（哆嗦一下。）你看，一旦影响因子主导了科学评判，有创造力的人就会遭殃。官僚不需要具备任何知识，也不需要任何智慧；他们只需要依赖随意性的数字。你现在告诉我，你用这种方法来决定谁可以进天堂？

圣彼得：是的；这样省事多了。你生前是否善良、努力、做好事、虔诚、谦虚或者慷慨，这些都不重要。唯一重要的是，我们计算出来你的影响力有多大。

基因学家：但这样做根本就不对！听我说，或许我可以跟想到和推行这个主意的人谈谈。我能不能进去一分钟……

圣彼得：哦，他们不在这儿。（他挥了挥手，云朵上浮现出一个画面，上面有一个沸腾着的巨大硫磺坑。坑里有一群西装革履的男子，硫磺几乎淹到了他们的脖子。）你也看到了，他们在一个更温暖的地方。

基因学家：好吧，至少这看上去很公平。等一下，那是小布什总统吗？

圣彼得：没错。

基因学家：但他的影响因子应该很大才是啊。

圣彼得：噢，他的绝对值超过正常水平了。但是，我们会考虑神迹……

基因学家：为什么硫磺只淹到了他的膝盖？

圣彼得：哦，他站在了迪克·切尼（Dick Cheney 小布什任职时期担任副总统）肩膀上（画面消失了）。现在，轮到你了……

基因学家：难道你还不明白吗，你通过一个人现在的论文发表期刊来判断他对未来的影响是完全荒谬的。按照你的方法，上帝的影响因子就是零。我是说，他很久以前就完成了他最好的研究；从来没有人重复过他的研究；他所有的思想都发表在一本书中，这本书并不是同行评审期刊！

圣彼得：真有意思，下地狱去吧。

这些量化指标可评价科学家价值的概念可能同时属于科学界和管理界；这就好比是在问，谁发明了牛拉车，谁提出了税收制度；这是一种集体现象，尽管并不光彩。但我们至少要知道它是怎么回事，这样就能避免重蹈覆辙，我们要学习历史，避免被同一块石头绊倒两次。这种做法的传播有两个方面的原因，一是学者没有时间去评价同行和科研机构的论文，二是官僚和行政人员不具备科学知识。第一个原因在意料之中，因为每天都有人加入科学家的行列，因此有更多需要评判的工作。第二个原因根本不应该算作一个原因，因为官僚本来就不应该过多地插手科学研究，但他们的介入却越来越深，今天的许多研究都是由政府、企业和政策制定者决定的。同时，几乎每一件事

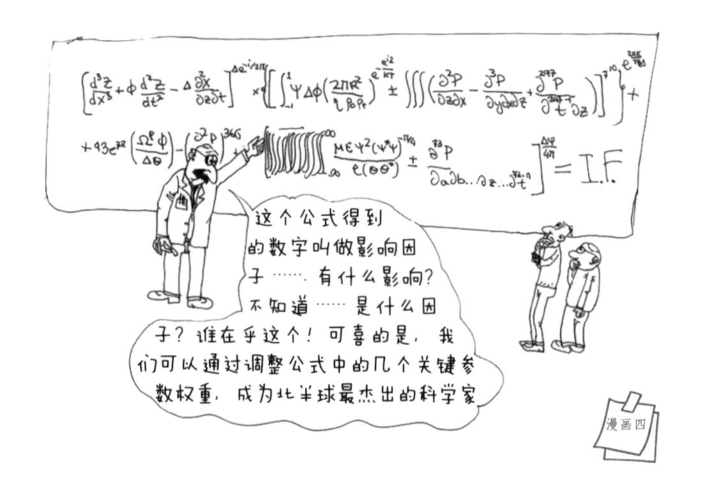

都必须要衡量、计算、量化、评价并且确保它不出错，这是当今社会的一种趋势，一切都是为了利益。科学是社会的一个组成部分，也陷入了这一困境。

影响因子和一些研究量化指标的负面影响依然是风险规避研究优先[5]，使得创新研究停滞不前。例如，h 指数是一个衡量学者生产力和论文引用影响的指标，因为它基于引用量最多的论文以及这些论文在其他发表论文中的引用次数，那么按理说，如果你想让该指数变高，你的论文就要被许多人快速引用。因此，你就应该研究许多科研人员都在研究的热门领域，这样与你去研究很少有人涉足的创新领域相比，才可能有更多的人能看到、阅读并且引用你的论文。

此外，这种随意性的量化会助长低质量的研究，因为它鼓励的是数量而非质量（漫画五）。回想一下上文关于不可重复性和递减效应的论述；高质量的研究需要时间，不仅需要花时间进行思考，而且需要花时间做实验和分析结果。当代发表论文的压力导致科学期刊的数量激增。考虑到期刊的数量，它显然是可以盈利的，此外，期刊数量以惊人的速度持续增长；例如，近三四年来，我每个月都受邀向一份新期刊提交一篇论文。为了量化，我们来看看 2000 年和 2017 年的神经科学期刊数量，从 104 份增加到

154份。我们被淹没在大量的论文中，科学家被淹没在数据的海洋中。即使在一个非常专业的领域，也几乎不可能记录正在进行的研究。但是，这种激增代表了真正的知识增长吗？这里，我们可以回想一下前文关于库恩“积累推动发展”的论述，以及关于公认理论和事实的更多具体内容。早在1965年，D. J. 德索拉·普赖斯（D. J. de Solla Price）就曾说过："我想总结一下，现在所谓的3.5万份期刊绝大多数都是遥远的背景噪音，远非织造科学这块大布的中心或战略编织线”[6]。

科研机构和科学家个体一样，都痴迷于排名。但科学研究不是奥林匹克竞赛，有趣的是，你会发现的确有国际数学奥林匹克竞赛、世界高中生数学锦标赛……但这应该另当别论！世界上可能有计算速度最快的头脑，但没有“全世界最好的科学家”；我们每个人都在克服自身的局限，努力提高对自然的认识和理解（有时是在不久的以后，有时是在非常遥远的将来），为人类做出贡献，同时满足我们对自然现象的好奇心。

毋庸置疑，对于正在摆脱文献计量学思维的组织机构来说，目前的情况非常令人不满。乌得勒支大学医学中心就是其中一家机构，它看重个人的主观观点，要求求职者写一篇文章，介绍他们过去的研究和未来的计划并简要介绍他们认为自己所取得的最大成就（虽然是主观看法，但至少比主观性的指数和类似量化指标更加真实）。有趣的是，学者对自己已发表研究的主观感受这个影响因子好过论文发表期刊相关的影响因子。正如“发表期刊不能像变魔术一样把数据从猜想变成事实”（遗传学家文森特·林奇（Vincent Lynch）的原话）一样，在高影响因子期刊上发表论文并不会让研究更有效。一些科学家提到，每一位科研人员都能准确感觉到什么论文已经产生影响或将会产生较大的影响，的确，我自己的经历就是一个例子。我在一些高影响因子期刊（如《自然》）和其他排名较低的期刊上都发表过论文，人们会认为在《自然》期刊上发表论文比其他论文更有影响力。现在，我大概知道我最有影响力的论文是什么了。这篇论文发表在一份排名较低的期刊上，虽然这份期刊还不错，但它的影响因子远不及《自然》期刊。引用量是论文影响力的一个衡量指标，因此我看到的引用量数据证实了我的感觉：发表在《自然》期刊上的论文被其他论文引用了 71 次，而我认为自己最重要的一篇论文被引用了 263 次（截止到写这本书时），是我引用量最高的一篇论文。我们关于影响因子的论述到此为止！

我们也承认，支持使用这些指数和因子的论述非常少。支持使用这些指数的一个原因是，量化绩效指标能够提供更客观的研究评价。然而，考虑到这些数字的计算方法，请回想一下前文提到的《Folia Phoniatrica et Logopaedica》期刊，这种“客观性”就不复存在了，因为期刊知道发表什么论文可以提高它的影响因子。例如，因为综述的引用量往往比较多，所以一些期刊会大量增加综述论文的发表数量。因为影响因子衡量的是某一份期刊在具体某一年的文章平均引用量，它的公式很简单，分子是当年的被引用次数，分母是该期刊前两年发表的文章总篇数，于是一些编辑在收到要在他们期刊上发表的论文草稿时，会要求作者引用他们期刊的论文（请查阅参考文献[7]《期刊影响因子十大操控手段》，了解关于这些操控计谋的更多信息）。此外，众所周知，一些期刊会通过说服负责计算影响因子的机构（现在是汤森路透（Thomson Reuters）公司）“调整”一些发表项目的数字来商定影响因子，例如删除上文公式分母中的会议摘要，减小分母就能增大商数。另一个大家熟知的例子就是《Current Biology》期刊，它在2001年被爱思唯尔收购后影响因子提高了40%（关于具体信息，请查阅参考文献[8]《深层影响：期刊排名的意外后果》）。总之，这个行业已经没有多少客观性了：“虽然数字看似是“客观的”，但这种客观性可能是虚假的”[4]。

还有一项努力阻止将期刊影响因子与科学家具体贡献指标联系起来的倡议是《旧金山研究评价宣言》（DORA），你可以在官网上签署宣言：https://sfdora.org/。如你所见，人们正在逐步提出上述类型的倡议，努力修正评价体系。

前文已经提到，矛盾在于，这些指标通常并不衡量科学家在实验室里的研究时间以及思考实验和猜想的时间，这才是科学家真正该做的工作（很抱歉，我已经多次提到这一点，但在我看来，忘记这一点是造成研究工作不愉快或者令人感到陌生的一个主要原因）。为了说明这个问题，这里列举了某科研机构内部年度科学家评审的六个标准：

（1）论文；

（2）经费数额；

（3）国家和国际认可；

（4）导师、研究培训和教学活动；

（5）合作活动；

（6）研究所 / 大学管理工作。

你觉得在实验室搞研究、做实验能帮你得分吗？哪怕你两个多月不踏进实验室，也能在上面六项评分标准方面获得优异成绩。具体做法只需要简单的六步：在家里或者办公室不停地写经费申请；拿到一些经费后，你就有足够的资金去招聘一些技术员和实习生；安排他们到实验室做实验；仁慈地让他们写论文（你告诉他们，“这样你们就知道该怎么写科研材料了”）；发表这些论文，用它们去申请更多的经费，让自己出名；重复第二步。我甚至知道一些首席研究员会让研究生来写项目经费申请，如果能在经费申请人名单里加上实习生的名字倒也说得过去，但通常申请人只允许写首席研究员的名字。

2002 年诺贝尔奖得主西德尼·布伦纳（Sydney Brenner）在一次采访中明确曝光了这种情况：

“（采访人）：很多诺贝尔奖得主都在感慨，他们没办法在现在的学术环境中生存下去，对此人们都很担心。这对未来科学范式转变的发现和一般的科学探索有什么影响呢？下面我邀请布伦纳教授来为我们解答一下。

布伦纳：他没办法生存下去（他说的是两次诺贝尔奖得主弗雷德里克·桑格（Fred Sanger））。就算是上帝，今天也没办法拿到经费，因为评审委员会的一个人会说，这些实验很有意思（创造宇宙），但无法重复。然后，另一个人会说，没错，他是很久之前做的这个实验，那他最近做了什么呢？第三个人会说，最糟糕的是，他把这些成果都发表在了一份不审稿期刊（《圣经》）上。你知道的，我们现在有很多绩效审核标准，我认为这些标准在很多方面都

牛顿爵士，我知道你的《自然哲学的数学原理》可能有几百页厚……但它不过是一本出版物！我们希望你每年能出3～5本。你必须要解释一下为什么研究效率这么低。

唐·圣地亚哥（Don Santiago），我们知道你的组织学做得很好，你的神经解剖是一流的……但你自己掏钱买试剂，连你的助手都是无偿的！你从来没写过经费申请！我们希望研究员至少持有两项国家经费项目。
CAJAL INSTITUTE

漫画五

很荒谬。当然，经费还是要分配的，我们的行政人员喜欢影响因子或者评分这类数字。”

随后，他继续阐述自己的观点，你可以看到，他的观点与我以及许多科学家的观点不谋而合：

“布伦纳：所以就很难办，你要想搞科研，必须要有人资助。现在的资助者，这些科学官僚，不想冒任何风险。他们从一开始就想知道项目能够成功，才会提供资助。这就意味着，你必须要有初步资料，你注定要循规蹈矩。除了在极少数几个领域，再无探索研究可言。”

我强烈建议年轻研究员去阅读整篇采访，《学术界和发表论文是如何毁掉科学创新的：对话西德尼·布伦纳》（How Academia and Publishing are Destroying Scientific Innovation: A Conversation with Sydney Brenner）。

3.4 痴迷数字

痴迷于科学生产力量化已经偏离了对科学家个体生产力和期刊重要性的评价，这种现象会影响许多其他方面。它会影响研究计划书和经费申请的编写。例如，科学家在写经费申请时，通常要声明他们打算投入某个项目的时间。通常情况是，在写完经费申请项目介绍的主要内容后，还要再写一小节，说明申请人的精力投入百分比，比如，投入 50% 的精力意味着如果项目获得资助，我作为首席研究员要把一半的时间投入在这个项目上。100% 意味着我要把全部的时间投入到这个项目上。但具体到科学领域，这些百分比真正意味着什么呢？与实际情况相比，它们只是极其粗略而且很可能不准确的估计。这个指标依据的是每周 40 小时（每天 8 小时）的工作标准，但科研工作并非典型的北美式上班族朝九晚五工作。我在这本书的其他地方也提到过，科学家的工作通常不分昼夜，哪怕他在睡觉，也在工作。只有技术员可以做到朝九晚五，首席研究员和实习生都做不到。他们基本上是 24 小时都在工作。此外，再回到真正做研究这个最关键的点上，我们几乎无法预测我们能发现什么以及我们会做什么。我可能打算把全部时间投入到一个我非常了解的实验项目中，但如果实验结果并不如预期，而是指向我完全不了解的其他类型的实验，那么我不会按原计划的方式参与。从根本上说，要求写这些百分比是毫无意义的，而且我敢说，一旦项目获得资助并且启动，就没有人关心这些数字了，再准确的百分比都将消失在研究的大海中。

我们在为动物、认知和临床项目编写伦理计划时，会遇到另一种非常常见的徒劳的量化指标，有时在经费申请时也会遇到，即要求我们写明实验中预计会用到的受试者或其他动物数量。由于该计划基于研究项目，所以我们再次强调，在真正的研究中，我们并不知道会发现什么结果，那么所使用的受试者数量只是一个大概估计，我们只能提供一个范围值，比如，我计划使用 20 ~ 40 名受试者。问题是，有时确实需要一个准确数字，因为计划要在线存储，可软件不允许使用范围值，而是要求使用准确数字，因此你必须声明在研究中将使用 25 名受试者。好吧，只要软件高兴，没人有怨言。一年之后，我在第二年的更新计划中提交当年的研究进度报告时，被要求填写所使用的实验受试者数量以及该数量是否非常接近 25，然后我必须花时间解释少用或多用受试者（或动物）的原因。我认为这是一件小事，并不太浪费时间，只需要用两三句话解释原因，并不会造成很多的负担，但问题是，有许多这样的小事，还有其他很多事情，这些事情加在一起让我无法专心研究。在经费申请时，一些机构还要求提供研究对象的详细说明，样本数量估计值和所谓的功效分析，功效分析用于确定研究的最佳样本数量，以达到检测统计显著性的足够功效。这是大型临床研究（也许是临床试验）的标准程序，因为估计研究中所需的患者人数至关重要。这是合理的，但说到底，如果我们进行真正的研究，就会有过度重复的风险，我要再次强调这意味着什么：未知结果，这些估计只不过是完成这项研究所用人数的极其粗略近似值。一些科学家，尤其是临床领域的科学家，过于看重这些功效估计值，好像这些数字比研究过程中所得到的结果更真实。可想而知，如果项目采用上述无穷小研究方法，那么功效估计值可能接近研究结果，但另一方面，在其他更富于创新的项目中，每一步研究结果都无法确定，因此估计值会像科幻小说一样虚幻。同样，这种功效分析对科研人员来说是另一种负担，可能不需要再次计算，但在写计划书时，必须要计算，以免评审意见批评我不够准确。这可能是也是一件小事，但是，在普普通通搞科研的每一天，都有很多这样的小事分散我的注意力。我向大家介绍一下科学家的一天：

早上，我走进办公室，打开电脑，看到有几封邮件需要马上处理。一封邮件让我给一篇期刊论文审稿；一封邮件是一名有意向的学生或博士后发来的，想要加入我们实验室；另一封邮件是采购部门发来的，通知我们购买的某个东西出了差错；还有一封邮件提醒我伦理计划即将到期，需要更新。于是，我必须花时间处理这些邮件，回复意向实习生（因为出于尊重，我一直都是尽快给提出这类要求的学生回复邮件），查看论文并且确认自己是否具备审稿人资格，然后我还要下载计划更新表并且填写表格。一上午时间就快过完了，这时，实验室的一名同事来找我，告诉我，我们实验室几天后会有一次检查，需要填写一份表格，或者告诉我需要进行另一项实验来解决这样或者那样的问题（至少在这一刻，我可以谈一谈科学！），因此我们需要写一份伦理计划附录交给伦理专家审批。就这样，一上午过去了，午饭时间到了，我没去吃午饭，而是去街对面的一家咖啡馆点了杯咖啡，顺便读一两篇论文，这样我就不用接电话（我没有手机！），不用看电脑邮件，能够专心看论文。等我回到实验室或者办公室，我发现我们需要购买实验用的试剂，但有一种试剂是管制物品，可能是一种动物实验药剂，必须要填表格提交给相关政府部门审批才能购买一定数量的试剂，必须用数字来证明我们需要这个数量的试剂，例如我们在实验中使用的动物数量、每只动物使用的剂量以及每天或每周的用药次数等。换句话说，我必须编出更多虚假的数字，再重复一遍，因为这是研究，我们不知道具体的数字。可以想象，填写这张表格需要大费周折。因为我们计划购买更多的试剂，我还得确保运营经费中有足够的资金，所以我得上网查看我的经费状况，我好几次注意到，有一项经费开支金额有问题。所以我得弄清楚这件事，我可能会给我的经费会计打电话、发邮件，也可能要亲自登门造访，问清楚开支报告中可能的错误。下午的时间还没过完。我看了看手表，现在大概是下午 3 点。我必须决定是否要做原本计划的实验，这是一项体外细胞培养电生理记录实验。我们知道，准备电生理记录装置需要 1 个小时左右，做实验大概需要 3、4 个小时，做完实验后清洗装置大概需要 30 分钟。如果我现在开始做实验，那么我得到晚上 8、9 点才能离开实验室。所以，干脆明天再做吧。但我明天还要花时间上网查找资助机构，重新提交之前被拒的经费申请，还要按照资助机构的要求重新调整计划书的格式……总之，你现在知道我的大部分时间去哪里了，幸好我不是科研机构里的重要人物，我不需要花太多时间去参加行政会议或半科学性会议，因为我的一些高级别的同事还要花大量的时间去参加专家会议或者其他类似的会议，每天都有一场甚至两场会议。现在，一些读者可能会问，我和同事们什么时候做实验呢？什么时候分析收集的数据呢？什么时候思考实验结果呢？幸好，我还有晚上的时间，毕竟一天有 24 个小时！一位同事曾告诉我，他大部分的研究思考工作（阅读论文、考虑实验）都是在晚上完成的。就这样，我结束了一天平凡无奇的“科研”工作。

3.5 超级集团的兴起

当代的科学发展现状似乎缺少或者忽视了科学进步中的一个基本因素：科学进步最重要的因素是科学家个体。科学家个体的好奇心是科学发展的主要推动力量，但科学家个体的创造力和独立性正在逐渐消失（例如参考文献 [9]《独立作者的死亡》)，因为科研机构（包括政府、大学和医院）都喜欢建立大公司、实施大项目，但并非都是严格的科研项目；例如，有些组织提供了大量资金去发展基础设施，如修建新的大楼，但却很少或完全不提供开展研究工作的资金。这类例子数不胜数，我只举一个例子：很久以前，我们学院收到了一台花几百万买来的新脑磁图仪，专门给它准备了一个房间，还花费了相关的基础设施费用，但我们却没有资金聘请能够操作这台精密装置的人员和技术员。我们迫不得已，只有用自己的运营经费去聘请一名技术员。下面这幅漫画（漫画六）就是受这类事件的启发创作出来的。

孩子们，我们来看看那个时代另一个受害者的遗骸。那个可怜的家伙正准备按下“提交”按钮，提交当年第 32 次个人经费申请，想要获得经费来聘请一名技术员帮他拆开价值 1900 万美元的五光子共聚焦超倍显微镜。你可以看到，仪器还在箱子里。顺便说一句，由于拿到了超级财团数十亿美元的资助，他有充足的资金可以购买这台仪器。给他提供经费的这家资助机构修建了一个神经信息经济学研究中心，透过窗户就能看到街对面的那栋大楼，但是因为他们只有基础设施建设资金，没钱聘请人员

科学的可能未来或个人科学家的消失和高度结构化大财团的兴起

漫画六

进入大楼内工作，所以它到现在还荒废着。传言说，有人在大厅里看到过科学家的鬼魂。

的确，现在实施的许多项目都需要大型团队，例如人类基因组计划中的基因测序，或者“蓝脑”计划中的大规模计算机模拟，或者涉及数十家医院和数千名患者的大规模临床试验。这些企业的主要特点是人们很少去思考，大多数是数据生成人员。但这些都是特殊的大型项目。然而，现在的趋势是，即使在规模不太大的企业中，也组建了大型团队，似乎更多人聚在一起就能提出更多的想法，更好的创新。事实上，我想说的是，实际情况刚好相反：没有线性关系表明，增加在同一个项目中工作的科学家人数会增加创造力和洞察力。我们举个例子来说明这个观点，这是我与军方合作创伤性脑损伤项目时的经历：加拿大军队用非常有限的资金建立了一个小型研究项目，并取得了他们可以理解的结果，而美国军队由于资金非常充足，开展了一项非常庞大的研究，参与团队很多，但正如他们向加拿大同行表明的一样，他们很难理解收集到的大量数据。有时，小型研究反而更清晰。一些读者可能听过“大数据或大科学”的说法，这些情况在今天的科学界中很常见；大数据是指超大数据集，必须进行计算分析，才能得到所有这些庞大数据集的意义，发现数据模式、相关性等。大科学是指上述研究非常昂贵，需要多个科学家团队参与。因此，“大”是当今研究领域的一个趋势。

难道我们忘了，许多主要的科学革命都是在几乎没有资金的情况下主要依靠科学家的独立研究产生的。我认为科学家并未忘记，只是政界人员和行政人员肯定……也许他们根本就不知道阿兰·特劳特曼（Alain Trautmann）等九名欧洲科学家联名写了一封公开信《他们选择了无知》，发表在了《卫报》上，网址：www.theguardian.com/science/occams-corner/2014/oct/09/they-have-chosen-ignorance-open-letter，信中说政界人员对真正的研究“极度无知”）。爱因斯坦不需要很多经费就能思考出相对论；哥德尔没有借助庞大的团队或者大笔的资金才发现了不完全性定理；弗莱明在观察培养皿时出于自己的好奇心发现了青霉素；达尔文只需要有人资助他的“小猎犬”号之旅；拉蒙·卡哈尔（Ramon y Cajal）自己花钱研究神经系统的结构。金钱虽然可以帮助研究，但它并不是取得革命性发现的绝对必要条件。这再一次说明：科学家个体才是科学发展的主要推动力。

这种说法并不是要批评成立研究团队。事实上，成立研究团队也有一定的好处，比如可以把实习生和初级研究员介绍给新同事，让他们建立合作关系。大型团队的另一个好处是可以快速增加论文发表数量：如果一个20人的团队，每个科研人员都写一篇论文，在作者一栏署上所有人的名字，那么每一位团队成员每年都能完成20篇论文；这体现了学术界的高度竞争性质，而且加剧了竞争（请参阅第六章）。目前的困境是，与科学家个体相比，资助机构更青睐超大规模的大型团队、财团和基础设施团队，二者之间非常不平衡。类似地，如前面几段所述，与长期不太实际的研究相比，短期可商业化的研究更有可能获得资助。研究团队扩大还有一个负面后果，即大型实验室或实验室团队可以获得大量的数据，这些数据将作为试验数据，用于申请更多的经费并获得更多的资金，因此，大型实验室的规模将会变得更大，而小型实验室的规模将会继续缩小。今天，我们可以清楚地看到，资源集中在规模越来越大的实验室，大实验室有时会吞并（我在职业生涯中亲眼所见）其他不太有钱的实验室。

总之，除了资助政策倾向于平庸的研究，对学者构成了不公平、在很大程度上不合常理的评价，学术机构日益公司化也严重制约了允许研究的问题类型。除了倾向于短期、功利性研究这个问题，接下来几节将讨论当前科学体系产生的其他相关方面问题；一方面，它鼓励科学家在“高影响力”期刊发表论文并重视相关同行评审；另一方面，企业化延伸出了知识产权概念问题；最后，期刊正在成为以盈利为目的的私有企业。但在论述这些方面的问题之前，我们先考虑研究的量化趋势，要找到解决当前问题的办法，避免出现用一个数字概括科学家职业生涯的情况。因此，对初级科研人员提出了几条建议，指导他们如何驾驭企业化的科学体系。

可行的办法——如何向不完美的科学体系申请经费

我们已经通过上文的论述了解了目前的资助机制和科学标准，本节提供两个解决研究经费短缺的方法（请记住，这是写给新人的，专业学者非常清楚这些方法！）。第一个方法是21世纪成功申请经费秘诀，一般适合有钱的实验室，而第二个建议适合追求个人研究兴趣但不太功利性的实验室。

所有科学家都知道哪些经费申请写作技巧更能成功申请到经费，这没有什么秘密。先要选一个热门项目；例如，生物医学领域要选一个对医疗保健有巨大影响的项目。其他领域要选明显具有直接实用性的项目。最重要的是，不管选什么项目，都要确保它会产生前面几节提到的“正面”结果。另一个基本观点是，资助机构的审稿人在审查计划书时，似乎已经忘了科学是一项探索活动，许多计划书正是因为过于具有探索性而未申请到经费。我几乎可以肯定，如果你为一个真正探索性的项目去申请经费，不管它多么有创造性，多么精彩，都得不到资助。因此，一定要明确即使你的计划书实际上是而且应该是在探索某种现象，如果它是真正的研究计划书，也要让它看起来并不像是在探索某种现象；你只需要隐藏这种探索性（关于如何使用适当“词汇”写经费申请的更多论述，请参阅“申请经费就像买彩票”一节）。资助机构希望看到计划书开头有一个清晰的假设，项目必须基于这个假设（假设可以不止一个，但不能太多），回想一下第二章的内容，资助机构更青睐基于假设的计划书而不是基于问题的计划书。在这一点上，你可能觉得写经费申请像是在写科幻小说，也就是说，如果你真的打算做真正、真实的研究（探索性、创造性、冒险性、可能基于问题的研究），你必须要把很多内容隐藏起来不被“专家审稿人”发现。或许，这就是我在职业生涯中写了那么多经费申请之后，依然要写科幻小说的原因。关于写作风格这个话题，一定要把内容写清楚，尽可能使用简单的用语，还要包含技术细节（毕竟它是研究计划书），但要确保非该领域的非专业人士能够看懂，因为大多数资助机构都有几个审稿人，有些审稿人可能不具备具体的专业知识。现在开始讨论同行评审的问题，我们将在下一节对它进行详细论述；这里提到同行评审问题，是因为在最后分析你的经费申请能否获得资助时，基本上完全取决于少数几位审稿人带有偏见的主观意见。因此，你认为你写的经费申请书很完美并不重要，根本就不存在“完美的经费申请书”，因为审稿人是不完美的，是有偏见的，很多时候更是无知的，并且有自己的安排。下文将进行更多论述。然而，具有上述特征的项目经费申请迟早有机会获得资助。好在，现在许多资助机构都有具体的资助计划，因此最好是把项目经费申请提交给满足评审要求的资助机构。也有一些资助机构更喜欢资助具体问题方面的研究，不太看重研究主题的热门程度，所以选择热门领域并不是问题的关键；例如，有些机构专门研究一些奇怪的罕见疾病。但是要向尽可能多的资助机构提交项目计划书，因为所有科学家都知道，申请经费就像买彩票一样，请参阅下一节“申请经费就像买彩票”，你买的次数越多，中奖的几率越大。

现在，如果你像我一样想要追求自己的研究兴趣，你仍然有希望可以维持一个实验室，即使不算富裕，但也资金充足，可以研究你真正想要解决的问题。你写这类项目的经费申请书时，要牢记一个技巧，即要在你的计划书中明明白白地写出研究非常实用。或者，选择一家专门资助更综合、更纯粹研究项目的资助机构；没错，尽管这类机构数量很少，但确实存在。另一个技巧是，做一个非常热门或者有直接实用性的项目，用它获取研究经费，再用这些资金去填补另一个几乎没有人愿意资助的理论性项目费用。这里要注意：你必须要诚实守信；如果你获得了某个项目的资金，那么你就要用这笔资金去做这个项目，这对资助机构来说才公平，我不建议你把这些资金完全用到其他项目上，这是不公平的，记住要把资金用到对应的项目上。但总有一些资金可以转移到其他更综合性的“无人资助”项目上。这需要由资助机构决定，有些机构要求非常严格，他们提供的经费只能严格用于指定项目。这也无可厚非；技术员或实习生在带薪工作中总能挤出时间去做你喜欢的项目。

上述建议只是增加获得经费可能性的一些具体变通方法。但解决经费分配基本问题的总体方法更多取决于资助机构及其政策，而非科学家个人。由于资助机构的负责行政人员和政界人员不愿意（恐怕在未来多年都不愿意）资助有创造性的冒险性研究，于是我们可以提出一种解决方法，虽然他们将大量的资金都提供给了能够在短期内产生结果的较为“可靠”的研究，至少他们会针对没有初步结果的较新颖研究计划书制定了具体的资助计划，因为当你对某个项目有突破性想法时，有可靠初步证据或所谓试验结果的可能性往往很小，这就是为什么他们通常会向有大量初步观测结果的项目提供经费，这些观测结果基本上保证能取得正面结果。这些特别资助计划可以为短期试点项目提供资金，从而得到其可行性证据。前文闭合循环一节（第 1.1 节）中提到过试点项目资助计划，但也提到需要初步证据；我这里所说的是真正的试点项目计划：除非是纯理论研究，否则都需要提供证据。

可行的办法——超越指标

一旦我们接受了这个事实，认为实际上不可能准确评估科研人员的影响和努力，因为学者即使在晚上睡觉的时候也在工作（我有很多次梦到我在日常研究中遇到的问题，但最著名的一个发现是凯库勒（F.A. Kekule）在做梦时梦到了苯的环状结构），这样我们就不得不超越指标，超越对个人和组织的量化。漫画七是根据真实事件改编的，为机构痴迷于量化研究成果提供了更多证据；一旦他们实施了“研究受试者登记”制度，就会要求我们记录和保存自愿参与神经影像记录的志愿者人数（这些受试者帮助我们用脑磁图、功能磁共振或脑电图记录他们在神经

咩！
咩！
Metro Goldwyn Velazquez
ARS GRATIA ARTIS

礼物

关于科学的量化
果蝇们，别插队
研究对象登记
我的细菌已经排到最后了，请快点，它们必须回到保温箱的培养皿里！
确保他们都有社会保险号码
第二队，请在这里开始排队！
研究对象登记
①

认知实验中的大脑活动）。当然，在研究中，人们习惯将所做的实验和得到的结果记录在实验室笔记本之类的东西上。所以只要看看我的笔记本，你就能了解我所做的一切研究。但这显然不够，因为笔记本不是官僚工具；受试者登记是记录实验次数的一种正式的行政方式，至少在一开始是很痛苦的：例如，我们可以想象一下这个场景，我们要给成人志愿者办理医院登记手续，而作为一家儿童医院，看到成人排队站在儿童旁边，负责安排成人“入院”的前台工作人员满脸疑惑，会是一件多么有趣的事情。后来，这个流程简化多了。

任何人都能做到的一项帮助是尽可能支持和签署上述倡议，如《旧金山研究评价宣言》（https://sfdora.org/）、《莱顿宣言》或《布拉迪斯拉发宣言》。但对我来说，第一个要回答的问题是，是否有绝对必要以这么严格的方式评价研究。古代也有伟大的发现，那时对学者的评价不像今天那么严格，或者基本上没有评价。当然，那个时代与今天非常不同，那时学者人数很少，而今天学者数量众多，本章后面关于科学竞争的论述中将会提到这一点。因为现在没有足够的资金可以提供给所有学者，因此，必须要进行分配，必须要用适当的方法判断谁有资格获得经费。但假如判断方法非常小，趋于无穷小会怎么样？我们来想象一个可能出现的情景。

假设我们丢掉了 h、影响和其他因素等标准指标。继续想象，如果这个要求不太过分，检查提交经费计划书的申请人发表的论文，在这个例子中，目的是帮资助机构进行审查，不统计发表论文的数量，更不关注论文发表的期刊。除去研究员教学和培训等其他专业方面，我们的简历还剩下什么内容？还剩下发表论文清单，也可以帮助我们了解申请人是否能完成经费申请中所列的研究，一些资助机构要求申请人列出近 5 年或 10 年发表的所有论文，但我认为这不公平，因为我想知道申请人 15 或 25 年前的研究，以便对申请人的成就和兴趣有更全面的了解。这一事实以及计划项目的重要性和新颖性能够让我们对这一经费申请，相对将要评审的下一个申请的优先性做出有根据的猜测或判断，因为专家组的评审专家需要评审若干不同的经费计划书。在最后分析时，会判断申请人是否提出了相关的研究问题，团队是否有办法解答这个问题，不会过多考虑发表论文的数量或申请人可能拥有的资金等量化因素。

如果我们讨论的不是资助专家小组，而是研究机构内部的学者年度评估标准，那么问题又来了：是否需要对每一位学者进行年度（或一年两次或一年 n 多次）评审。当然，必须采取一些措施来保障学者能够正常工作。我只能说，如果我负责评审我所在机构中同事的表现，我可能会像往常选择研究生时的做法一样：简单、快速地看一遍他们的简历，然后跟他们谈话。经过直接的交谈和思想交流，我能很清楚地了解这个有抱负的学生能做什么，不能做什么。老实说，用这种判断方法，我很少出现错误（尽管也会出现一些错误）。但定期对学者评估的做法更加简单，因为这样我就非常清楚他们近几年的成就、他们的兴趣和其他个人倾向，如果是新招的学生，你完全不了解面前这个申请进入你实验室的人，这样会有一定的风险因素。我也认为研究是一个缓慢的过程，正如文中多次提到的一样，做好研究需要时间；因此，我不会被科学家每年发表的论文数量、实验室规模或雇用的人员数量所蒙蔽。因此，我在对学者评审中，不会考虑经费数额、论文数量或人员数量等任何因素。问题是，我需要花较多的时间去查看他们发表的论文和取得的成就，还要花时间与科学家交谈，了解学者是在研究自然现象的问题还是长期安于职业现状。如果是前一种情况，我会在下次内部（或外部）评审之前给我评审的学者送上一些鼓励的话语。如果是后一种情况，就由机构主管、董事长或总裁说了算！

参 考 文 献

[1] D. Hicks et al., Bibliometrics: the Leiden Manifesto for research metrics.Nature 520, 429-431 (2015). https://doi.org/10.1038/520429a

[2] E. Garfield, The Impact Factor and Using It Correctly. www.garfield.library.upenn.edu/papers/derunfallchirurg_v101(6)p413y1998english.html

[3] P. Dong et al., The impact factor revisited. Biomedical Digital Libraries 2, 7 (2005). https://doi.org/10.1186/1742-5581-2-7)

[4] R. Adler, J. Ewing, P. Taylor, Citation statistics. Statistical Science 24(1), 1-14 (2009). https:// doi.org/10.1214/09-STS285

[5] P. Stephan, R. Veugelers, J. Wang, Blinkered by bibliometrics.Nature 544, 411-412 (2017). https://doi.org/10.1038/544411a

[6] D. J. de Solla Price (1965) Networks of scientific papers. Science, 149(3683), 510-515. https:// doi.org/10.1126/science.149.3683.510

[7] M.E. Falagas, V.G. Alexiou, The top-ten in journal

impact factor manipulation. Archivum Immunologiae et Therapiae Experimentalis 56, 223 (2008). https://doi.org/10.1007/s00005- 008-0024-5

[8] B. Brembs, K. Button, M. Munafò, Deep impact: unintended consequences of journal rank. Frontiers in Human Neuroscience 7, 291 (2013). https://doi.org/10.3389/fnhum.2013.00291

[9] M. Greene, The demise of the lone author. Nature 450, 1165 (2007). https://doi.org/10.1038/ 4501165a

第四章

钱说了算

不拿钱，就不发文

学术界的企业文化在一定程度上造成了这样一个事实，学者做出的或产出的任何成果均归所在科研机构所有。这也让外行读者感到惊讶。举个例子，我的创意最后申请了专利，我所在的机构以 1 美元的价格买断了专利（漫画八）。如果有人不相信，请看下面我把自己的想法卖了一笔巨款的部分文件内容：

鉴于某机构名称（以下简称“受让人”，详细邮寄地址……）希望取得转让人对发明和应用的全部权利、所有权和权益，特此以 1 美元的总价和其他有效对价取得该全部权利，转让人确认其已于 2015 年 6 月 9 日出售、转让、让与和移交相应权利，更明确起见，特此出售、转让、让与和移交给受让人、其继任者、受让人或法定代表……

就这样，知识产权（IP）的概念进入了学术界。它是指保护可能有商业价值的智力创造。根据知识产权法，取得创新的人有权利用他们的创造并从中受益，这是公平、合理的。但是，很多时候，学术机构对知识产权的公平概念做了延伸，带来的结果会给个人在组织机构的工作造成一些意想不到的影响。碰巧，从我工作过的一家机构的知识产权文件中可以看出，不仅科学思想属于组织机构，而且就连舞蹈或艺术作品（！）也属于组织机构："知识产权包括但不限于艺术、实验记录本、艺术信息、公式、计算机软件和硬件、图纸、图形、设计、概念、思想、仪器、工艺、研究用具（包括但不限于生物材料和其他有形研究财产和设备）以及所有原创文学、戏剧、音乐和艺术作品（包括但不限于书籍、建筑作品、舞蹈作品和电影作品）、计算机程序、所有打印、多媒体、电子和视听家长/患者信息资料、手册、程序包和教材"。

总之，似乎组织机构可以拥有我所做、所想、所梦和所创造的一切。按照前文的说法，这本书也归他们所有，但这本书是在我离开之后写的。现在，它在部分程度上归出版社所有！

1美元的故事……或者怎么可能有人会做科学
2013年1月
再做一杯1美元的特调咖啡，这位学者想再来一杯
优秀的科学家，我是一位律师，我很有资格帮助你减轻痛苦……我的收费是1小时400美元，如果你能付得起的话……
不，不，还是让我来，我是一名受过专门训练的心理医生，我能帮你，每次只收费几百美元，我就能帮你忘掉学业上的不幸
我才是真正能给你带来快乐的人，因为我是一位知名的足球运动员，每个赛季能赚1500万美元
我更能给人带来欢乐，这就是好莱坞一部电影给我几百万美元的原因
我是你的总裁，你的实验、想法和梦想都归我所有。我带了一大笔钱来买你的专利
我是你发表期刊的杂志编辑，你的数据、研究成果和文字都归我所有，我们可能连你的裤子和内裤都要
我的薪水是N（希伯来语的第一个字母）
走开！我看到前面有个科学家！我们还是赶快走吧，免得要浪费钱资助他的研究
别看，那边有个学者，科学家……可不好看……你跟随自己内心的欲望去了解自然就会像他那样
漫画八

根据我的个人经历，我在和外行人说起这些事情时，他们对于在金钱方面直接影响科学界个体的一些事实感到非常惊讶。这些财务方面的问题，除了前面提到的组织机构会将科研人员的思想占为己有，你还会发现一件奇怪的事情，虽然我们科学家发表了很多论文，但几乎没有赚到钱；而且恰恰相反，发表论文反而要花钱。

4.1 知识的价格

科学界有一个奇怪的现象，至少我与别人交谈后是这样的感受，科学家在期刊或会议论文集上发表大量的论文，合著出书和单独出书并不赚钱（出书的话可能会赚一点钱）；而且情况恰恰相反，我们必须要给钱才能发表论文。科学界有句老话说的是“不发文，就走人”，可现在我们必须要拿钱才能生存，“不拿钱，就不发文”。大多数期刊会对彩色图片收取版面费，有时也会对文字内容收费，比如所谓的开源期刊，根据论文的格式（是研究论文、综述还是见解性论文等）收取固定的版面费。举个例子，论文处理费（在开源期刊上发表研究报告的价格）的价格从 350 欧元到 2500 欧元不等。较为经典的非开源期刊有时不收取版面费，但如果你的论文包含彩色图片，那么不同的期刊可能会收取 150 欧元到 1000 多欧元不等的费用。不是我们这个领域的人可能会觉得惊讶，论文哪里还需要彩色图片，我告诉你，论文中的图片是为了直观地呈现实验结果，很多时候，黑白图片不够直观，需要用彩色图片才能让图表、图形和示意图更好理解。随便翻开一本期刊，比如《自然》、《欧洲神经科学杂志》，找到一篇研究论文，看看它的图片……你就会明白为什么需要使用彩色图片了。然而，由于很少有期刊会印刷出来（现在论文都放在网上，以 PDF 格式查看），事实上，今天再支付彩色图片费用已经毫无意义了。你可以选择把它们印成黑白图片，这并没什么区别，因为现在很少有人阅读纸质期刊。

上述开源期刊向公众免费提供在该期刊上发表的任何论文。这是一个很好的想法，本应如此：普通公众应该免费获取科学报告，哪怕只是因为部分科研经费来自我们所有纳税人缴纳的税收；因此，纳税人有权利知道那些穿着白大褂的人用自己的钱做了什么。其他期刊，主要是经典期刊，有访问限制，如果你想查看或下载它上面的论文，需要付费，它完全是商业模式。开源期刊同样也是商业模式，在这些期刊上发表论文需要支付高额的费用。

数千名科研人员对限制知识传播表达了自己的不满，

他们倡导共享科学成果；他们发起了一项“学术之春”的运动，甚至还加入了抵制限制论文免费共享期刊的行列。我认为，这种限制不仅不公平而且简直荒谬，如果你有兴趣阅读我发表的一篇论文，你必须要先花几分钟时间去注册一个期刊账号（并不是所有期刊都要求注册账号），然后再付费下载那篇论文。除了本书中提到的其他原因（体制规定），科学家发表论文还有一个原因就是分享知识，这才是而且应该是发表论文的主要原因……但是我们看到，在这个时代，还有其他一些行政因素在驱使你发表论文。英国学术图书馆馆长大卫·普罗瑟（David Prosser）曾经说过“要想让学术信息产生影响，就得尽可能大范围地提供信息”。把论文堆放在学术机构墙壁后面的书架上没有任何意义，因为几乎没有人能看到它们。当代，随着互联网、搜索引擎和通信技术的飞速发展，世界上的任何一个人，只要有电脑或者能够接入电脑或类似设备的工具，都应该能够查看任何发表论文，无论收费多么合理，都不应该收费。各主要机构对这些问题的关注与日俱增，例如欧盟委员会在2017年发表了一篇题为《为科研人员提供践行开源科学所需的技能和能力》的报告。

从很多角度来看，科学出版的这种现状都不尽人意，它有几个不公平的后果，都会对科学家产生不同的影响。

例如，为了促进知识的传播，一些资助机构，比如惠康基金会（Welcome Trust），要求获得他们经费的学者在网络开源期刊上发表论文。但是，正如前文所述，开源期刊的版面费非常高昂，这迫使学者把这笔巨额费用含进预算。一个普通的生物科学实验室每年大约会发表5到8篇论文，每年的版面费大概是8000欧元，但它们获得的很多资助提供的经费非常有限，因此，找到资金来支付这类论文版面费并非一件小事。在其他学术领域，这种情况更不公平，因为它们不是实验性领域，经费更加有限。有一两次，我不得不与期刊主编商量，一位哲学家为我编辑的一期特刊写了或者想要写一篇论文，但由于他没有获得资助，所以付不起版面费，这不足为奇。通常，尽管有哲学实验室可以进行昂贵的实验，但哲学研究不需要很多资金，所以这些学者不得不自掏腰包支付在开源期刊发表论文的费用。发展中国家的科学家普遍缺乏资金，这会阻碍他们在某些“知名”期刊上发表论文。这里需要说明，为了确保公平，很多期刊为发展中国家的科学家提供了版面费折扣和减免。我们应该尽快改变这一方面的问题，确保任何领域或国家的所有学者都有机会在他们心目中的理想期刊上发表论文。当然，批判很容易，但提出解决办法则是另外一件较为困难的事情。然而，“可行的办法”一节至少讲述了着手解决这个问题的一些想法。

一些解决办法可能源自于上述“学术之春”运动。迄今为止，已经约有 1.7 万名科研人员报名参加这项运动，来抵制限制免费共享已发表报告的期刊。这一倡议可能会彻底改变知识的传播，但由于科学期刊出版商对利润的渴望，可能需要一段时间才能完全出现不仅对学术界，而且对全人类都公平的局面，让每个人都能了解全球范围内的任何研究。所有这些运动的最终原因都是担心在学术期刊上发表论文和检索论文的费用上升。如果你去看“知识的代价”（http://thecostofknowledge.com/）这个网站，你就会知道有多少人对这种情况感到不安：超过 1.7 万名学者签署了他们的抗议书。据说，这一切都始于一位数学家蒂姆·高尔斯（Tim Gowers）的一篇博文，他在文中表达了对现状的不满。大家由此可以看到，个体行为可以产生影响！

一些出版社开始意识到，学者和科研机构非常关注科学文献应该广泛提供，于是创建了一些开源资料库，如 ResearchGate（一个非常庞大的科学社会网络，你可以在这里找到论文、工作和合作伙伴等任何东西）、arXiv（包含预印本，主要是物理学方面的资料）、bioRxiv（生物科学领域的预印本服务器）和 SharedIt（目的是合法分享论文内容）；他们还采取了一些类似目的的措施，如连接资料库（CORE），这是知识媒体研究所（Knowledge Media Institute）提供的一项服务，可以汇集各个资料库和开源期刊等不同系统上的所有开源内容。

4.2 对艺术的热爱

让公众感兴趣的是，他们发现发表论文并不是学术界科研人员"免费"从事的唯一无报酬工作，下面我给你列一个简短的无报酬活动清单。提供咨询是大多数学者最经常要做的一项无报酬活动。这可能也有点令人吃惊，因为外行读者比较熟悉的情况是，其他行业的工作人员几乎每一分钟的服务都要收费。身为一名咨询顾问，你可能会向需要指导的人收费，通常会是很大一笔费用。然而，学术科学家几乎从来不会收取咨询费，只有在特殊情况下才会收费。当然科学界和企业工作人员的情况是不同的，毕竟，你在企业工作是为了赚钱。在我的职业生涯中，我给企业家、临床医生、军队、其他学术机构成员都提供过建议，当然，我的建议可能无关紧要，无论什么课题都需要我有限的技能。我依稀记得某个公司有人向我寻求指导，说当然会向我支付报酬。我记得最清楚的是，这个人这么自然地提到付钱请我出主意这件事让我大吃一惊。也许在他看来，为这类事情付钱是一件平常的事，我必须承认我不知道该说什么（是的，我最后没有收费）。无报酬工作还包括提供编辑服务。我是几家期刊的编委会成员，却从未领到过一分钱；也许主编可以领到一些薪水，但通常情况下，编委会成员都是无偿工作，他们完全是出于对艺术的热爱。同样，我们在下文饱受非议的同行评审活动中担任论文审稿人，也是无偿工作。

近几年来，我一直在两个机构工作，其中一个是大学，没有给我发放任何工资。这件事也让我的一些外行朋友感到惊讶。你怎么会给不发工资的单位工作呢？事实上，我的情况在科研界中十分普遍。一家医院聘用了我，支付我全部的工资，但我要在医院的附属大学任职，这种情况经常发生在不直接为大学工作的人身上，比如医院的临床医生。的确，在某些情况下，两家机构会共同承担报酬，但并非总是这样。就这样，我出于对艺术的热爱，成了这所大学的教授，在那里教授研究生课程。

一些读者可能会想，我们为什么要做这些事情呢？这个问题有两个答案。一个是非常广义的答案，适用于所有学者；另一个是较为具体的答案，只适用于某些学者群体。简单地说，我们做这些无偿工作的广义答案是它们能提升我们的履历。担任期刊编辑、专家组成员或者大学教授职务能让你的履历看起来很亮眼。而且，你也可以从中获益，在附属大学任职意味着你可以把学生招进你的实验室，也就是说，可以获得实验室劳动力，这些学生可能会继续攻读研究生学位。为了从大学换取这些好处，你要在论文中写上与大学的附属关系，在这个竞争激烈的世界上，对这所大学来说是件好事。此外，你还要为这所大学分担少量的工作，至少我所遇到的情况是，他们从来没有要求我做和其他带薪人员一样多的工作。例如，他们从来不要求我讲课。当然，我自己主动要求教了几年的研究生课程。事实上，这可能有些自相矛盾，我不得不说服他们允许我教这门课程，同时又不要求报酬。准备申请课程的审批表和材料几乎和备课一样艰难，后来，我又安排了一门更短期的课程。我想做这些工作是因为我喜欢做，我根据自己感兴趣的主题（意识和自我认知）设计了这门课程，因为没有什么方法比教学更能提高你对一门学科的理解。因此，我不介意额外的无偿工作，因为这毕竟不是工作，而是我自己喜欢做的事；所以你看，我做这件事完全是出于私心，这是第二个较为狭义的答案：我们一些人做这些事情是出于真正的热爱。而且，大家都知道，在学术研究中，就应该传播知识，帮助他人了解自然。因此，学者免费提供咨询或教学材料，实际上是工作的一部分。我们可以理解，在企业或其他服务型行业的员工看来，这些事情非常陌生；我再一次提醒学生：在企业界做研究和在学术界做研究完全就是两码事。

可行的办法

为了解决知识传播受限的问题，学术界正在采取一个办法，就是开源论文。我必须承认，我提倡开源期刊，前面几段也已经表明了我的立场。然而，这个办法也存在一些问题，特别是版面费相对较高，使得某些领域（如人文科学）或国家的学者无法在开源期刊上发表论文，从而导致了不公平的情况。前文提到，一些期刊采取了一项切实有效的办法，即减免非实验性领域或发展中国家学者的版面费。由于当今世界的性质，尤其是经济性质，免费发表论文可能行不通。只要这个世界上存在金钱，存在很多期刊，就总需要有人买单，要么是图书管理员、读者，要么是科学论文的作者。可以设想，减少期刊数量或许会有助于降低版面费（关于减少期刊数量的“办法”，请阅读第五章“可行的办法”一节中关于“审稿人办公室”和“期刊整顿”的内容），但现有的期刊仍然需要聘请人员和花费出版资金，因此费用总是存在的。我不知道，目前的文字或彩色图片收费是否合理或者过高（不过可以肯定的是，收费永远不会过低）。国家政府会为出版社提供帮助吗？可能性不大，由于政府并未在基础研究上投入多少资金，因此指望他们提供更多的资金来帮助“传播知识”可能不符合他们典型的四年展望。

第五章

同行评审的悲喜剧

发表论文像玩游戏，申请经费像买彩票

科学止步不前，与其说是因为缺乏事实信息，不如说是因为科学家自身的思维定式

F. R· 施拉姆（F. R. Schram），1992

科学家往往都非常聪明，他们会谨慎周密地做实验，解释实验结果，然后得出合理的结论，但他们毕竟是人，所以他们的智慧有限，容易犯错，就像其他任何行业的人一样。因此，从古至今，科学研究的标准程序一直不变，一名科学家所做的实验、得到的结果和解释都要经过该领域其他同行专家的严格审查，这就是同行评审。但是，同

行评审不仅用于审查要发表的论文，还用于审查经费申请和伦理计划等。

很久以来，一直都有某种评审程序，至少会对科学家提出的研究进行粗略评估，但现代的同行评审概念大约在19世纪初英国皇家学会开始搜索审稿人报告时开始使用，或者，它也有可能早在18世纪初爱丁堡皇家学会出版一些同行评议医学论文集时就已经开始使用了。参考文献[1]提供了关于早期同行评审的一些历史事例。在古代，就已经有了其他类型的“评审”，但我认为这并不是同行评审，比如宗教组织进行的审查，我们可以回想一下17世纪早期著名的伽利略事件。

5.1 发表论文像玩游戏

虽然这种审查论文确保无误的理念值得称赞，但依照目前的情况来看，这是徒劳的。具体原因有多个方面。首先，同行当然应该具备足够的领域专业知识，但最重要的是，我们这里再一次强调本书随时提到的一个话题，他们必须要有足够的时间来评估论文报告中的实验、结果和结论。是的，时间非常重要，这是导致同行评审无效的一个主要原因。希萨（A. Csiszar）在《从一开始就麻烦不断》

（Troubled from the start）[1]一文中的开头就写道“审稿人劳累过度”。我在发表了一百多篇论文之后得出的结论是，最常见的评审就是审稿人并未投入足够的时间去正确理解和判断论文的内容。经费申请审查也存在这种情况，很多时候，评审人员甚至似乎并未阅读计划书中的内容。

我想说，我有一大把例子可以说明经费评审人员明显对申请关注不够，但我这里只列举两个我最喜欢的例子来说明这一点。有一次，我们团队写了一份经费计划书，但评审意见是我们计划的实验缺乏足够的专业知识；这些实验主要是对动物，特别是啮齿动物进行神经生理学记录。评审人员根本没看我们的个人简历，因为在项目介绍的叙述中，通常会附上一份简历。评审人员可能根本没看简历，也可能在看的时候睡着了，因为我做啮齿动物的大脑记录至少有十年了，而我这个项目的合作伙伴毕生（当时已经有 30 多年）都在研究动物的大脑记录；然而，我们却被认为不具备体内神经生理记录领域的足够专业知识。另一个例子是，我们被要求删除计划项目的部分内容，具体内容涉及到大鼠记录……但我们的计划中并没有这些内容！这是重新提交的经费申请，在上一次提交的申请中，我们是有提到过大鼠实验，但因为评审人员认为我们上一次提交计划中的啮齿动物实验没有价值，所以我们在重新提交时删除了这部分内容。那么，评审人员到底看了什么呢？点评像是针对上一次提交的计划，而非新计划！

在论文评审中，也经常会遇到这种不走心的评论。每一位科学家都有很多这样的经历，审稿人无数次在点评或意见中指出作者的论文没有说明或阐明这个或者那个内容，但事实上，这些内容在手稿当中都有提到和阐释（顺便说一句，不应该使用“手稿”这个词，因为现在的论文都不是手写的，但这是科学领域的一个标准术语）。我列举的这些例子代表了标准的同行评审场景，不要认为这些评审并不常见。大多数情况下，问题的起因是评审人员没有专心，通常是因为时间匆忙，没有认真评审，没有仔细阅读经费申请的相应论文或项目计划的内容。

有时，审稿人不是非常熟悉论文的课题，因此在审稿过程中出现了错误。在我们这个时代，这个问题越来越明显。原因在于今天的很多研究都是多学科的，也可以说是跨学科的，现在权威专家会告诉你说，这两个词的意思并不完全相同，但在本书当中，可以认为它们是同义词。在使科学论文或经费申请评审过程变复杂的众多因素当中，多学科是当今时代出现的一个相对新颖的因素。有些学科更像是跨学科，比如神经科学。埃里克·德舒特（Erik de Schutter）在《评审多学科论文：神经科学领域的一项挑战？》[2]一文中讲述了评审当代神经科学论文时的挑战。以前的论文很少会在实验中用到三四种不同的技术或方法。然而，如果你去看今天一些常见科学期刊（比如《自然》或《科学》）上的论文，你会发现有四五张图中的数据是使用相同数量的技术得到的，有些图几乎看不懂，这些图给出的是压缩数据，是用不同的方法得到的实验结果。举个例子，你可能会在一篇生物学论文中，看到显微镜学、电生理学、生物化学和分子生物学，没错，一篇论文包含所有这些学科。在20世纪早期之前，很少会发生这种情况。这是因为今天有大量的方法，能够从不同的角度来解决同一个问题，不像过去那样受限制了。但是，现代科学的这一巨大优势也给论文和经费申请评审带来了很大的问题。尽管强调多学科，但大多数科学家仍然非常专业化；一位审稿人可能懂得论文中描述的生化实验，但完全不懂文中报告的共焦显微镜。另一位审稿人可能是显微镜专家，但完全不懂论文中描写的电生理记录。有人可能会想，这不是什么问题，只要邀请四五位审稿人一起评审这篇论文，每一位审稿人都具备不同领域的专业知识，所有专业加起来就能涵盖论文或项目所列的数据。在理想情况下，应该达到这样的标准：一篇论文或一份经费计划至少会收到四五份意见。但在通常情况下，你只能收到两份意见，偶尔会收到三份或以上意见。

论文或申请评审人员人数不足是让同行评审变成了一场闹剧的原因，因为每个人都有自己的观点，这是人的本性，科学家也不例外。如果只要求给出两种意见，那么最终可能会得到两种完全不同的观点。你有很多次（以后可能还会有无数次）收到两位评审人员的点评，一位评审人员说研究无可挑剔，另一位却说它一无是处。于是，编辑必须根据不同的意见决定录用还是拒绝这篇论文。希萨在文献 [1] 中说了“审稿人劳累过度”之后，接着还说了一句话：“偏见问题很难解决”（后文还会继续引述希萨的话）。这种情况在经费计划评审中比在论文评审中更常见，因为经费评审中的偏见程度更大，毕竟是经费竞争，评审人员必须对项目值不值得资助发表自己的观点。

此外，我再举个例子来说明同行评审过程完全是徒劳无功和滑稽可笑的，我的一篇论文曾经收到过两位审稿人的不同点评：

审稿人 1：“这篇论文不够新颖……”

审稿人 2：“手稿非常有趣，提供了新颖的观点……”

你现在看到问题了吧，两位审稿人读的是同一篇论文，却给出了完全不同的意见！一些读者可能认为，针对同一篇论文的不同意见并不经常出现，而且这个例子相对经常收到的评审来说属于异常值；实际上，上面列举的这个例子是一个非常常见的评审。事实上，从同行评审最开始以来，人们就收到了针对同一篇论文的不同观点；同行评审系统的先驱之一胡威立W.（W. Whewell）和J. W. 卢伯克（J. W. Lubbock）在同行评审的早期（大约是在1832年）共同评审了一篇论文，却给出了完全相反的意见，部分原因是他们对研究的一般看法不同[1]。科学家希望这是反常现象，是异常值，但它并不是，我甚至会说，这是标准的论文点评风格；如果你不相信我说的话，可以去问其他科学家。请注意，在其他学科，比如说哲学、艺术或人文学科，情况或许有所不同。具体情况我也不清楚，我的工作完全是开展生物学相关的研究；但直觉告诉我，每个学科都会出现针对同一项研究的不同评审结果。事实上，有人可能会认为，正是在人文学科中，审稿人才会对同一项研究提出完全相反的意见，因为这些学科的研究是非定量性质，与生物学、物理学等“硬科学”实验研究不同。现在你已经知道了，考虑到人的本性，显然无法避免主观观点。

人的本性还决定了，审稿人对投稿论文的评论可以体现出他们的性格；因此，可以从审稿人的评论中明显看出他的性格是骄傲、自大、偏见、歧视、好斗还是死板等。年轻学者们，当你开始参与我所说的发表论文游戏时，要准备好接收负面评审结果，因为有些审稿人不希望你发表与他自己的研究接近和相似的论文，有些审稿人因为你没有引用他/她发表的论文而感觉受到了伤害，有些审稿人觉得你不应该进入该领域，在知名期刊上发表论文，他/她才是这个领域的世界专家。我收到过一些论文点评，几乎没有批评实验本身，而是很明显，审稿人不高兴我们侵入了他/她的领域。我再强调一次，不管科学家多么聪明，他们也是人。有些科学家会毫无顾忌地展露他们的凶残。如果你经常发表论文，几乎可以肯定，你至少收到过一次积极的评论。当然，这些挑衅性的批评并非常态，尽管人性使然，但令人惊讶的是，一个本应非常理智的单位竟然也会发生这种情况。编辑不应该允许有敌意的评审意见，因为这表明学术界缺乏尊重和常识。下面我来告诉你，我在评审论文时的想法：它至少是作者一个人的劳动成果，作者费心写了这篇文章，经历了痛苦而又漫长的投稿过程；它是一群人的劳动成果，他们花费了毕生的时间研究他们感兴趣的问题，他们愿意交流和分享他们的研究成果。这些考量会让我们在评判论文时愿意去尊重作者。抛开自我也是一种适当的做法，可以让评论更公平、更冷静；真正从事研究的人应该保持谦虚的自我，因为他明白我们只是茫茫宇宙中的一个短暂存在。

一些读者可能注意到了，需要若干审稿人来确认或评论某个团队在一篇投稿论文的审查工作是否存在逻辑错误，因为审稿团队可能会犯错。错误的原因在于，审稿人也是人，也会犯错。因此，要想纠正这个错误，其他审稿人或许应该查看第一位审稿人对该研究的点评。但同样，第二位审稿人也可能犯错，所以应该设立第三位审稿人来修改前两位审稿人的错误……你可以看到，大家正在进入一个无限大的狩猎场。因此，必须承认，在这个主题方面追求理想状态是不可行的，以免陷入无限倒退。尽管如此，有时只让第一位审稿人阅读你的文章反而更好。

下面是我的个人经历，我有一些研究想法，在对这个主题进行文献检索时，我发现已经有人研究过了。下面这篇论文写的是我一直想尝试的一个实验，我敢说，我们很多人都想尝试。这个实验证明，同行评审过程是无效的，但好像还需要更多的证据。道格拉斯·P. 彼得斯（Douglas P. Peters）和斯蒂芬·J. 塞西（Stephen J. Ceci）在《心理学期刊的同行评审：已发表期刊重新投稿的命运》（Peer-review practices of psychological journals: The fate of published articles, submitted again）[3]一文中研究了这个实验，他们在摘要中说，由于这个“实验”的有趣性和高效性，“直接进行同行评审过程”，我完整摘录了他们的原文：

“许多科学学科在发表论文和申请资助时都越来越留意和关注现代同行评审的充分性和公平性。尽管已经提出了关于可靠性、责任性、审稿人偏见和能力的问题，但有关这些变量的直接研究却非常少。

本研究试图在期刊审稿人对投稿手稿进行实际评估的自然背景下，直接研究同行评审过程。我们选择了美国心理学部门著名的高产科研人员撰写的 12 篇已经发表的研究论文作为测试材料，这 12 篇文章选自美国读者众多的 12 份高口碑心理学期刊，这些期刊的拒稿率很高（80%）而且采取的是非盲审审稿方法。

我们用虚拟姓名和机构替换了原手稿中的对应名称（例如三谷人类潜能中心），再将修改后的手稿重新正式投稿给 18 ～ 32 个月前引用和发表这些手稿的期刊。在 38 名编辑和审稿人中，只有 3 人（8%）发现了这是重新提交的文章。因此，在这 12 篇文章当中，有 9 篇要继续接受实际评审过程：其中 8 篇被拒稿。在 18 位审稿人中，有 16 人（89%）建议不发表，编辑也表示同意。拒稿的原因大多都是“有严重的方法缺陷”。我们审查和评估了这些数据的多种可能解释。”

在读了总结结果的论文摘要后，你就知道同行评审过程的徒劳性本质，它不过是发表论文游戏中的一场表演。我们不需要再进行过多的解释。

如果你认为只有我一个人不赞成同行评审的做法，可以看一下诺贝尔奖得主西德尼·布伦纳对这个问题的看法：“但我不相信同行评审，因为我认为它非常扭曲，我说过，它只是均值回归。我认为同行评审阻碍了科学的发展。事实上，我认为它已经成为一个完全腐败的体系。它在很多方面都很腐败，因为科学家和学者把对科学和科学家的评判能力交给了这些期刊的编辑。我听很多评审委员说过，美国的大学根本不会考虑在低影响因子期刊上发表的论文。”

布伦纳最后几句话指出了外行人和一些学者的一个共同观点，即无论发表什么论文，内容都必须真实，必须接近真相，如果是发表在所谓高影响因子期刊上的研究论文，就更应该真实。我们回想一下前文提到的文森特·林奇的原话“发表期刊不能像变魔术一样把数据从猜想变成事实”。我和其他许多人的看法一样，认为在高影响因子期刊上发表论文并不会使任何研究更接近永恒的真理，不管审稿人在审查过程中给出了什么审查意见。合理的怀疑是学者的一种天性，所有研究都是有争议的，在我们这个重视影响因子的时代更是如此。在我看来，影响因子带来的麻烦比好处多，而忽视发表在不重要期刊上的研究怎么说都是有偏见的。所有大大小小的研究，都是值得思考的，它的对错并不取决于它是否发表在特定期刊上，而只取决于时间。为了证明这一点，只需要思考一下西方科学界2000年来最坚实的基础之一——欧氏几何，以及当人们发现它不能解决地球表面以外的基本几何问题时是如何贬低它的。时间能治愈一切。

布伦纳还说同行评审过程是腐败的。关于这个问题，我想补充一点，我有一次收到施普林格的通知（因为我是其中一种期刊的编委会成员），告诉我们说发现有人冒充审稿人，于是编辑建议我们编委会成员在选择审稿人来评审期刊收到的论文时要格外小心。的确存在冒充审稿人审查的情况。这种冒充行为通常发生在提交手稿的过程中，在要求提供意向同行审稿人的章节中提供同行的真实姓名和虚假邮箱，这个邮箱实际上是论文作者的邮箱，如果编辑决定选择建议的审稿人，那么作者的收件箱就会收到论文评审邮件，这样作者就可以对自己的文章写非常有利的评论。够聪明吧?

我的前同事的同事是怎么收到这封邮件的呢？这可能

是真的吗?

“亲爱的 ×××（我们删除了同事的姓名）”

您好!

我叫张，是一个商人，我们公司的业务就是靠引用业务赚钱。

请允许我介绍一下这个业务的性质:

大家都知道，期刊的影响因子（IF）非常重要，如果期刊有一个很高的影响因子，那么这个期刊就会很重要，很出名。所以，很多英文期刊都请我们公司来提高它们的影响因子。而提高影响因子的唯一方法就是引用期刊上的论文。

现在，我想邀请您与我们合作开展这项业务，合作方式如下:

价格: 引用一次 50 美元，也就是说，如果您在自己的一篇论文中引用了我们提供的 1 篇论文，您会得到 50 美元的报酬，如果您在自己的一篇论文中引用了我们提供的 8 篇论文，您会得到 400 美元的报酬;

付款方式:（A）银行转账，美元银行账户、欧元账户或其他银行账户均可，如果不是美元银行账户，我会把其他货币折合成美元支付给您;（B）速汇金公司，我把钱转给速汇金公司，您去自己所在城市的速汇金分公司取款，如果您想了解更多详细信息，请回复这封邮件。

我会给您发送引用规范和期刊列表，有很多不同研究领域的多家期刊都在请我们公司提高他们的影响因子，您一定可以找到与您的研究相关的期刊。

您可以在自己的论文中引用期刊列表中的一些论文，在您引用之前，要先告诉我您想要引用哪几篇论文；

您的论文被录用后，要马上告诉我录用论文的信息，我会给您编制预算；

您的论文在线发表后，要马上告诉我，并且把论文链接发送给我，我会给您转账；

事实上，多个国家的许多教授都在跟我们公司合作，他们引用期刊上的论文，我给他们支付报酬。如果您愿意与我们公司合作开展引用赚钱业务，请回复这封邮件，我们再具体商谈”。

但是不仅引用量可以买卖，作者身份也可以买卖！在这个页面中 https://retractionwatch.com/2016/10/24/seven-signs-a-paper-was-for- sale，你可以看到人们是如何买卖各知名期刊所发表手稿的作者身份的。期刊越重要，论文署名要支付的价格就越高。由于科学领域的竞争非常激烈，所以出现了科学论文黑市；下一节将会讨论当代科学领域的超级竞争。一些科研人员面临着巨大的发表论文压力，迫使他们铤而走险。于是，正在涌现出新型“专业人员”，用他们的业务“帮助”这些科研人员安抚他们所在的机构，至少达到同行评审论文的数量要求。顺便提一下，科学界有合法的作者身份购买途径，首席研究员经常使用这种途径：有时，尽管他们没有对研究做出任何知识贡献，但提供了财政资助，所以也可以在论文中署名。今天你会发现有些科学家每年发表近100篇论文，即所谓的“超级多产作家”，这就是其中的一个原因（《科学家每五天发表一篇论文》，《自然》期刊评论文章，参考网址：https://doi.org/10.1038/d41586-018-06185-8）。这毕竟并不是不公平，因为高级研究员通常负责筹集研究资金。但这仍然是公认的一个作者身份购买途径。

朋友们，你要知道腐败存在于一切人类活动当中……除了在慢波睡眠中（在快速眼动睡眠中，你会做梦，而且可能会做腐败梦！）。但我们不要急于做出评判，还是谨慎为好（当我们的脑海中开始形成某种观点时，我们总是应该这样做，因为人类非常擅长对自己的思想进行无休止的过度阐述），毕竟，腐败基本上是从制度中获得好处；谁没有罪恶感，谁就可以扔出第一块石头，因为我们所有人都或多或少从这个制度中获得过好处，哪怕是微不足道的好处。当然，在上述情况下所获得的“好处”是巨大的。

目前来看，在时间这个最重要的主题上（本书中经常提到时间），同行评审制度给学者造成了根本性的阻碍，它是对时间的巨大浪费。前文已经提到，希萨在关于同行评审的文章[1]中说的第三句话是："审稿人制度已经崩溃，并且成了科学进步的阻碍。"这种制度在学者中间制造了一种共同的仪式，投稿、重新投稿、再次重新投稿，重新投稿 n 多次，n > 5！我们可以想象，一次又一次重写这篇文章是多么浪费时间和精力，因为（大量）期刊的论文通用格式并不一致，所以必须要重写。如果所有期刊都约定一种格式，那么就会大大减少重写过程，但还是会浪费时间，因为向另一份期刊重新投稿意味着要访问该期刊的网站，进行注册，填写在线表格并完成其他任务。我们必须思考并充分承认，所有合理的研究迟早都会发表；目前，发表论文的要求似乎是在消耗学者的精力，浪费学者的时间，他们要多次向几家期刊重复投稿，直到有一家期刊录用这篇论文。因此，正如我在本书中反复强调的一样，同行评审制度在学术界面临的最关键时间问题上并没有起到帮助。"可行的办法"一节提供了这方面的一些思考。

虽然前面几段讲到同行评审制度是一种失败，但公平地说，也有一些学者认为他们收到的评审意见有助于他们论文的改进。这是近乎完美情况下（评审意见是公平的、严谨的、经过缜密思考的）的一种情形，任何评审意见的一个典型结果都是论文质量有待改进。但是，可惜，我并没有经历过这种情况。我所遇到的情况是，大多数评审意见都无关紧要，我记得只有少数几篇论文按照审稿人的点评和建议修改之后有了改进。但是，其他人的经历可能和我不一样。尽管如此，我同意（是的，再重复一遍）希萨在参考文献[1]中的说法“传统审稿过去对科学是有利的，但它已经过时了，现在是时候结束这种痛苦了”（本书摘录的参考文献[1]的所有内容组合在一起就是他文章中的第一段，在我看来，这段话准确描述了同行评审的现状）。在本节的最后，我想说明同行评审的一个好处。我认为，实习生和前期科研人员可以通过担任审稿人来积累经验；接受和思考评论并不是那么重要，重要的是能够做出点评或者看到别人研究中的不足，从而提高科研人员的一项基本特征，准确的说，是提高科研人员的全面性。事实上，在研究生院，经常会要求学生评审论文并指出研究的缺点或不足。让实习生做同行评审对他们的培养过程是有利的。

5.2 申请经费就像买彩票

同行评审并不仅局限于论文评估，也用于经费申请评审。我们现在要讨论的不是发表论文，而是申请经费，我和其他人称之为“申请经费就像买彩票”[4]。和生活的其他方面一样，科学界也充斥着各种游戏，我们必须按照约定的规则来参与游戏。审稿人的人格特征会影响论文评审，同样，也会影响经费申请评比。通常来说，潜在项目经费评比或许更加激烈和不公平，因为这是直接的资金竞争，评审人员可能也在向同一家资助机构申请同一笔经费。

就像前文提到的论文一样，这里举一个我曾提交过的一份经费申请计划的例子，来说明评审人员对经费评比的影响。四位评审人员根据我的简历评判我开展计划项目的资质。一位评审人员的评价是“非常出色”、另一位评审人员的评价是“很好”，另外两位评审人员的评价是“没有竞争力”。四位评审人员给出了三种不同的评审意见。具体到项目本身，一位评审人员说：“项目展示了连续步骤的逻辑链条”，另一位评审人员说：“我主要点评的是方法，方法定义不明确，没有阐释科学的方法和依据”。同样，他们说的好像是不同的项目。还有一次，三位评审人员对我的经费申请给出了以下评分（满分 10 分）：一位打了 10 分，另一位打了 7 分，第三位打了 4 分，他们给同一个项目打出了三个完全不同的分数。在另一次经费申请中，我看到一位评审人员批评我说“无法确定他（也就是申请人，我本人）在这种复杂程度的模型或计算机分析方面是否有任何经验”，另一位评审人员表扬我说“科研人员在动态系统理论方面经验丰富，有资格担任项目负责人”。最后，为了揭示评审人员的点评有很大的主观性，可能会对同一个计划给出一大堆完全不同甚至相反的意见，我再举一个例子，以此说明由于审稿人和评审专家组（一个科学家小组，负责审查所有评审意见，并最终决定是否向申请的项目提供资助）的偏好，写论文申请就像买彩票一样。有一次，我把同一个项目提交给了两家资助机构，这个项目符合这两家机构的通常资助要求。其中一家机构对这个项目评价很高，并且提供了资助，而另一家机构则对这个项目的评价很低，没有提供资助；有趣的是，这种差异的一个主要原因是一个专家组认为我计划去做我熟悉的实验是一件很好的事情，他们喜欢我进入到一个全新的领域，而另一个专家组则认为这是我的一个短板，并且建议我先要成为这个领域的专家。大家再一次看到了问题的本质：同一个计划会收到两个几乎相反的意见。

如果你很好奇，可以去研究自己的经费申请或论文点评和评审意见，从而了解大脑是如何工作的。举个例子，这是我收到的最喜欢的经费申请点评，因为它举例证明了评审过程的主要特点，还说明了人类大脑的基本运作原理。经费申请计划介绍了一个关于创伤性脑损伤后的脑细胞活动同步性（用神经心理学点记录测量）作用的项目；我们计划研究脑损伤患者脑信号间的同步性。其中一项评审意见大概是说："那么，这与混沌有什么关系呢？"其实没什么关系，如果让我回答这个问题的话，我会这么回答。我的计划当中根本就没有提到过混沌或混沌动力学（一些读者可能听说过混沌理论）。这个点评（实际上是批评，因为在这个游戏中，评审专家会认为除了非常正面的点评，几乎所有的点评都是负面点评）很好地说明了评审过程和人性，给出这种点评的原因是因为它体现了人类（尤其是评审人员）大脑功能的主要特征。大脑主要依靠关联性来处理信息：记忆中存储的一条信息会引出另一条相关信息，而这条信息又会引出其他相关信息。我们都在不断地经历大脑信息处理的关联性，正是因为这个原因，所以有些人才会很难长时间专注在一件事情上。不管怎么说，我的经费申请项目从未提到过混沌这个词，但混沌是非线性动力学的内容，而且同步性研究被认为是这个领域的内容，于是评审人员就以为我写的是同步性，从而关联引出了混沌动力学的相关内容；评审人员可能读过非线性动力学的文章，所以他/她的大脑就把这两个概念联系在了一起；于是，他/她的脑回路中就开始出现了这个关联链条。这是我从神经心理学的角度对这件事做出的解释。但如果这个研究与混沌动力学无关，那么评审人员为什么要提到它，而且要把它写到报告里呢？因为评审报告必须要写一些内容；点评/批评通过评审报告来说明评审过程的一个主要特点：你作为评审人员/审稿人必须要写评审报告，不管你的点评有多愚蠢，有多荒谬。如果你不写评审意见，专家组会认为你不了解，不聪明。因此，你必须写出自己想到的评审意见，如果你在意他们对你的看法，那么内容越多越好。最后，点评/批评说明了上文提到过的同行评审过程的另一个特点：评审人员没有认真阅读计划的内容，很明显我的计划根本没有提及或者论述到混沌。我们从而看到了一条简单的点评/批评如何揭示人类大脑和评审过程的二个主要特点。顺便提一下，那个经费申请没有获得资助。

上述一些例子反应了评审人员的人格特征，他们决定着科研人员的课程或专业特征是否会被接受。其他非性格方面的个体特性也会影响项目的评估。前文提到过的一个特征是偏好，即资助机构的要求。综上所述，经费申请的结果可能会让一些外行读者、非研究领域的读者或者即将进入研究领域的年轻研究员感到惊讶，我们在写计划书时，会在一定程度上撒谎。不止我一个人这么说，1962年诺贝尔奖得主J. 肯德鲁（J. Kendrew）也这么说过："科学家不得不撒谎，如果他如实说明自己的动机，他就拿不到资金"，事实上，几乎所有科学家都知道，一些谎言不仅是必要的，而且是可以接受的。肯德鲁说的是，我们在写经费计划时，必须要符合资助机构的要求，而且，正如读者在这本书中看到的，这些机构不资助有风险的创新项目，而是资助老旧的研究。因此，必须要在计划中淡化我们可能具有的任何真正新颖的想法，让它看起来像是正常资助的项目，也就是说，说明我们计划揭示的一些已知事实细节（托马斯·库恩（Thomas S. Kuhn）建议，研究要安全，而且要相对无趣，但是一定要加上"新颖、有突破性"这样的限定词），这就相当于保证项目会取得正面结果。如果在计划中完全如实地介绍真实的研究，说明我们不知道会取得什么结果，尽管我们对可能的发现有一个有根据的猜测，但这还不够，因为资助机构不喜欢与发现过程有关的风险。

但是亲爱的读者，请不要担忧，因为大多数科学家知道什么是可以接受的小谎言，知道什么时候不该撒谎，说得委婉点就是歪曲事实。但是，我们真的知道吗？D. F. 霍洛宾（D. F. Horrobin）在《申请经费游戏》[4] 这封信中提到了这一方面的一些内容，我在这里先跳过这一主题。实际上，对计划中所描写真实项目的这些轻微歪曲不会对研究造成损害，因为在获得资助后，科学家往往就可以做他们真正想做的研究。正确参与这个游戏有利于科学进步，以免深陷在琐事的囹圄中。

最后，在同行评审章节的末尾，借用有趣的历史事迹的启发，以此来证明完全公正、不偏不倚的评审概念纯属无稽之谈。如果你熟悉一些科学史，那可能会知道，艾萨克·牛顿（Isaac Newton）于 1687 年在埃德蒙·哈雷（Edmond Halley）的帮助和资助下出版了一项主要科学成就《原理》，埃德蒙说服了英国皇家学会出版这部著作；就连伟大的牛顿在首次发表研究成果时也遇到了一些困难。另一个例子是统计力学的主要开发者之一路德维希·玻尔兹曼（Ludwig Boltzmann）。他在生命的最后几年，不得不与其他物理学家展开激烈的辩论，来捍卫他的理论，尤其是他对热力学的统计解释。他的这些观点在今天得到了完全认可（同时代的人对他思想的漠视也许是导致他患上抑郁症并上吊自杀的原因）。在近代，一项开创性免疫学研究将B淋巴细胞视为独立存在，相关基础论文屡次被免疫学期刊拒稿，最终于1956年因为研究中使用的物种被牛津的《家禽学》期刊录用（这并不是说这份期刊不重要，只是为了说明人们没想到会在这份期刊上看到这篇论文）。其他事迹包括契伦科夫辐射研究和霍金的黑洞辐射论文被拒。但我最喜欢的事迹当数现代科学中最重要的概念，热力学第一定律及其三位发现者[即R. J. 迈耳（R. J. Mayer）、J. P. 焦耳（J. P. Joule）和亥姆霍兹（H. L. F. von Helmholtz）]的命运故事。只有迈耳的论文在重新投稿给另一家期刊之后获得了发表，至少是以正常的科学方式发表的。焦耳不得不把他的论文发表在他哥哥所在的曼彻斯特一家报社，亥姆霍兹的论文因为“纯粹的理论”研究而被多家期刊拒稿，于是他不得不把它印成小册子，分发给亲戚朋友。最终，他们三人都得到了应得的认可。这个故事的寓意是，如果你的论文被拒稿或者你的研究结果被同行认为无关紧要，你往往会感到痛苦沮丧，这个时候就想一想热力学第一原理的发现者吧！穆勒（Muller）和韦斯（Weiss）在《熵和能量》（Entropy and Energy，Springer Verlag，2005）一书中较为详细地讲述了这些教育故事。如果你想了解更多故事，可以去阅读胡安·米格尔·坎帕纳里奥（Juan Miguel Campanario）编纂的《拒绝和抵制诺贝尔级的发现：诺贝尔奖得主自述》(Rejecting and Resisting Nobel Class Discoveries: Accounts by Nobel Laureates)[5]，这本书记录了一些科学家自述，讲述了他们对新发现的抵制，这些发现最终帮助他们赢得了诺贝尔奖。

因此，考虑到有关同行评审的所有叙述，就没有人对重新考虑评审过程严谨性和质量的重要呼吁感到惊讶了，这些呼吁想要从根本上改变评审制度。举个例子，欧洲科技合作(COST)框架有一项名为“同行评审新前沿(PEERE)”的行动，这项行动“旨在通过跨专业、跨部门合作提高同行评审工作的效率、透明度和责任性”。考虑到人们对现有经费申请过程越来越不满，科学欧洲(欧洲公共研究资助组织与研究执行机构组成的协会)在《资质机构表示需要激进思想来减少研究经费的浪费》[Radical ideas required to cut research grant waste, funders told, D. 马修斯(D. Matthews),《泰晤士报高等教育》, 2018]一文中表示有兴趣尝试新的评审机制；你可以在新闻网站上阅读这篇文章《资质机构表示需要激进思想来减少研究经费的浪费：科学欧洲的新负责人表示，他希望采用彩票制度来提供实验经费，甚至为科研人员提供基本收入》，并留下你的意见。从文章的标题可以看出，我们都知道申请经费就像买彩票。并不是只有我一个人这么认为，我的两位朋友也这样认为。因此，就像科学欧洲负责人所建议的一样，让它真的成为彩票并没有什么影响，反而更节省时间和精力！下文的“方法”一节提到了为改变这一局面而开始采取的其他举措。

尽管现有制度在论文或经费评审结果方面有不足，但不要只急着指责科学界，因为在所有人类领域，最早都有拒绝和不理解别人工作的情况；一位法国评论家不就说过 J. M. W. 特纳（J. M. W. Turner）的绘画（印象派的主要灵感来源）已经“沦落为精神失常”了吗？我们知道很多艺术家在世时都一贫如洗，在他们死后才成了名人。无论是在科学界、人文界还是其他任何领域中，同行评审问题的本质都在于人的头脑[6]。我们来分析一下，在不借助心理咨询的情况下，能否解决这个问题。

可行的办法——评审人员办公室和删减期刊数量

解决同行评审问题并非易事。不熟悉这个领域的外行人可能认为，问题的根源在于个人，所以评审人员应该更加重视专心和关注审查内容，这样就能避免在评审 / 批评中出现（愚蠢的）错误。事实上，这是最简单、最直接的办法，但很遗憾，我认为这个办法不可行，而且在前文讲述了时间问题、管理问题和科学家必须完成的其他杂务之后，这个办法显然是不可行的。对于非常著名的重要学者而言，可能没有足够的时间去细致地评审每周、甚至每天要审查的论文或经费申请。让他们把精力和时间花在评审过程上，而疏忽他们需要关心的其他非常重要的工作，是不公平的，其中一些是关乎生存的大事，比如写经费申请和论文。由于全世界有那么多的科学家，每个人都要发表论文，都要写经费申请，评审人员不可能花费更多的时间和精力去关注手头的评审工作。除非环境发生巨大的改变，不要求每年必须要写多少篇论文，或者必须要拿到多少经费，否则科研人员的数量以及他们要写的论文和要申请的经费的数量在短时间内都不会减少。换句话说，减轻当今科学界的激烈竞争将会有所帮助。

然而，如果主要问题是时间分配，那么还有另一个解决办法：组建一个专职评审人员机构，即审稿人办公室。这些人不从事其他工作，不做研究，不写论文和经费申请，他们的工作仅限于评审经费申请和论文。这个想法并没有听起来那么不靠谱；有些机构已经有了专门负责写项目经费申请的科研人员，或许他们还不能完全独当一面，但他们可以帮助主要申请人写申请内容和处理其他事务。哪些人可以成为职业评审人员呢？科学家，何乐而不为呢？有不少科研人员对目前每年必须发表多少篇论文的标准心生不满……对必须获得一定数额的经费也有不满，部分经费将用于支付他们的工资；或者因为其他原因而感到不满。人们会这么想，让这些心存不满的科学家去从事不需要这些压力的工作，只负责评审他们收到的论文（当然数量要合理，否则他们还是会遇到时间问题）他们是否会更开心呢。我也遇到过一些人，他们说写经费申请是他们最喜欢的一项科研工作（听起来很令人惊讶，是的，有些人就是喜欢写经费申请！），因此从写经费申请到论文和计划评审以及写点评和评审意见并没有多大差别。这个办法有助于解决上文提到的一个同行评审问题，即消除竞争。评审人员不会与专业科学家竞争经费以及实验结果的名誉和光环，因此，他们不会对凭借作者身份获得的论文发表或经费抱有太大偏见。

但是，谁来支付评审人员的工资呢？目前，绝大多数评审人员都是无偿的。科研机构能够通过维持同行评审办公室来赚钱吗？一些期刊，尤其是开源期刊，收费非常高。是否可以用一部分收费来支付专业评审人员的工资？企业和公司是否可以做出贡献，或许可以采取一些奖励措施，把他们贡献给评审人员的资金视为捐赠，用来抵扣他们的税收？或许，大学和其他学术中心可以帮助招聘专职评审人员，因为，值得一提的是，一些国家（比如英国）几乎一半的大学员工都是行政人员（2016年《泰晤士报高等教育》报道），这是学术机构官僚主义盛行的又一迹象，因此，要求一些官僚人员改作评审人员并不过分。顺便说一句，我们还有一个“全球同行评审人员社区”：Publons。但是，毫不奇怪，Publons的一项使命是把同行评审转化成可衡量的研究成果，这样学者就可以用他们的评审记录来证明他们在自己领域的地位和影响力：（摘自网站）“以编辑身份轻松导入、验证和保存你为世界上任何期刊所做的每一次同行评审记录以及你经手的每一份手稿”。因此，归根结底，更多的是对学者的量化。

最后，我认为现在已经有了一个可行的解决办法：开源出版物。这个概念在前文已经讨论过了，这里需要强调的是，任何人都可以对论文发表评论。我不十分确定这个办法是否适用于所有的开源期刊，但我认为大多数期刊都具有允许读者评论文章的功能。这才是真正的同行评审，不是由两三名专家进行评审，而是几百人、几千人都可以提供批评意见、赞扬意见或者读者认为必要的任何意见。对我来说，我可以肯定地说，我不在乎编辑挑选的2位、3位或4位专家对我的论文有什么看法，我在乎的是400位甚至4000位读者（不是编辑挑选的读者，而是对我的研究感兴趣的读者）的看法。毕竟，同行评审应该是审稿人与作者之间的一个合作过程（例如参考文献[7]所言，“审稿人与作者之间的合作可以提高同行评审的准确度”），因此，《前沿》这类期刊实行的制度是有道理的；审稿人和作者可以通过《前沿》的网站持续交流意见。《计算神经科学前沿》专门为感兴趣的读者发行了一个研究专题，内容包括截至今天的21篇论文，论文的主题全部都是关于“超越开源：通过论文发表后的同行评审对科学论文进行公开评价的展望”。这一研究专题内的多篇文章都强调了在论文发表后由许多同行而非三四位同行进行评审的意义。总之，它提高了研究的透明度。F1000Research是一个开放研究发布平台，这个平台也提供有公开同行评审，你可以在平台上查看审稿人对某篇论文的评审意见（通常是批评意见）。

关于如何节约论文发表所花费（浪费？）的时间，我也有一些想法。几年前，我有点厌倦了给大量的期刊投稿和反复投稿，想到前文提到的事实，好的期刊迟早都有机会发表（我们的论文很好，最终发表了），我就有了一个想法，和很多时候一样，已经有人提出了这个想法。我的想法是删减期刊，尽量减少期刊数量，最好是只留下一份期刊。显然，在这种情况下，就不会再发生以“我们认为你的文章更适合专业读者，不适合我们期刊的广大读者”为理由的经常性拒稿了。在这一份期刊上，所有严谨、优秀的论文都会发表，因此，这与今天的情况相比并没有什么变化，而且会大大节省时间。当然，我明白这是不可行的，因为其他章节也提到过，出版业务利润丰厚，但这能让学者们的生活更加轻松。

我在思考这个问题时，与大卫·霍洛宾（David Horrobin）进行了交流，他不仅是一位企业家和医学科研人员，还是同行评审主题的积极分子，发表过许多关于这一主题的论文——比如，《同行评审和压制创新的哲学依据》[8]以及《科学已经从根上腐烂了？》[9]。他告诉我说，很久以前，大概是20世纪70年代的时候，他想和爱思唯尔（一家大型出版公司）一起创办一种“独特”期刊，他们好像创建了一个系统，叫作“国际研究交流系统”，在这个系统中，每个人都可以按照自己的兴趣、自己阅读的论文和文章创建个性化的期刊，系统运行了一段时间。但是，我的想法有点不同（所有科研人员都把文章投给同一家期刊），因为他的建议是只设立一个信息源，这样读者就可以随时了解正在发生的一切，而不必随时进入图书馆（那时还没有互联网）；所以它更像是有一个中央信息源。然而，他告诉我，这个系统并没有持续太久，因为它超前于时代……无法维护，我们说的是前互联网时代！然而，今天，借助互联网的力量，可以创建一个大型期刊，所有严谨的论文都可以在这里发表，读者可以在这个大型期刊中搜索他们感兴趣的文章。同样，今天的论文搜索方式不会有任何不同：我们都使用搜索引擎；很少有人再读期刊，因此，实际上，论文最后发表在哪里并不重要。从我还是一名学生起，科学事业就已经发生了许多翻天覆地的变化，这是其中之一。科技，尤其是通信，已经彻底改变了科学领域，以至于我们不再阅读期刊。我还记得，就在不久前，我还得定期到机构或附近大学的图书馆去查找与我的研究主题相关的论文。我想，我最后一次因为查找论文去图书馆大约是在六七年前。现在，学者们都在使用网络搜索来查找任何感兴趣的论文，因为几乎所有论文都能在互联网上找到。每当我回忆起我们不得不给世界各地的同事邮寄卡片（看起来很像明信片）请求转载他们的论文的日子，我就觉得有点好笑；如今，这些卡片已经成了科学博物馆的展品了。就我个人而言，我很怀念纸张特有的味道，怀念图书馆里的书香气，怀念我查找理想期刊的时光。现在，我看到的是电脑显示器，闻到的是从它背后飘出的一丝金属气味。过去那些需要我们花几分钟、几小时甚至几天才能做完的事情，现在在我的数字伙伴面前几秒钟就能完成。我不知道，后互联网时代的新一代年轻科学家们是否能想象出过去的事情是多么缓慢，多么艰难。是的，形势已经变了，说到变化这个主题，何不继续做出改变来完善这个系统呢。

谁知道呢，或许在我们这个时代（我称之为通信革命时代，继认知、农业、科学和工业革命塑造了人类社会之后，现在通信也在重塑我们的社会），我们将会见证期刊的消亡。顺便说一句，有些期刊声称他们会用严谨的方法发表所有的论文，不考虑论文的领域。这是《公共科学图书馆·综合》（PLoS One）期刊的承诺，至少在一开始是这么承诺的，努力缓和当代系统的许多效率低下问题；在他们网站上浏览主题区域，可以感觉到我在这本书中一直想要表达的观点（也是霍洛宾想要表达的观点）：一本包罗万象的庞大期刊。其他科学家也表达了类似的观点，比如比约恩·布雷姆斯（Bjorn Brembs）和他的同事也支持论文检索系统[10]。生命科学期刊 F1000Research 也声称，他们在发表论文时“没有编辑偏见”。在这些平台，论文和读者都能享受到审稿透明以及源数据齐全的好处。不管怎么样，只保留少量的期刊都是一种可能的解决办法，恐怕在遥远的未来可以实现。2003 年，就在我打算去苏格兰看望霍洛宾的前几个月，他去世了。

如果你下决心要避开同行评审批评意见所带来的痛苦，避开没完没了地给各种期刊投稿，你就可以像伟大的戈特弗里德·莱布尼兹（Gottfried W. Leibniz）那样做：创办你自己的期刊，再在这里发表你的研究结果！1682年，莱布尼兹和其他科学家共同创办了《学术记事》（Acta Eruditorum）期刊，他在这里发表了很多微积分方面的研究成果。目前，这是避开评审人员的好办法。

参 考 文 献

[1] A. Csiszar, Troubled from the start.Nature 532(306), 308 (2016)

[2] E. de Schutter, Reviewing multi-disciplinary papers: a challenge in neuroscience?Neuroinformatics 6, 253-255 (2008)

[3] D.P. Peters, S.J. Ceci, Peer-review practices of psychological journals: the fate of published articles, submitted again. Behaviour. Brain Sci.5(2), 187-195 (1982). https://doi.org/10.1017/S0140525X00011183

[4] D.F. Horrobin, The grants game.Nature 339, 654 (1989). https://doi.org/10.1038/339654b0

[5] J.M. Campanario, Rejecting and resisting nobel class discoveries: accounts by Nobel Laureates. Scientometrics 81(2), 549-565 (2009). https://doi.org/10.1007/s11192-008-2141-5

[6] J.L. Perez Velazquez, Scientific research and the human condition.Nature 421, 13 (2003). https://doi.org/10.1038/421013a

[7] J.T. Leek et al., Cooperation between referees and authors increases peer review accuracy.PLoS ONE 6(11), e26895 (2011). https://doi.org/10.1371/journal.pone.0026895

[8] D.F. Horrobin, The philosophical basis of peer review and the suppression of innovation. J. Am. Med. Assoc.263, 1438-1441 (1990)

[9] D.F. Horrobin, Something rotten at the core of science? Trends Pharmacol. Sci.22, 51-52 (2001)

[10] B. Brembs, K, Button, M. Munafo (2013) Deep impact: unintended consequences of journal rank. Front. Human Neurosci.7:2091

第六章

科学奥林匹克

科学家之间的较量

学者们在从事科学 / 研究的过程中成了欲望的牺牲品，他们贪图奖励、名誉、财富，这迟早会激发出最普遍的人性特点：较劲、竞争还有嫉妒。今天全球学者人数众多（比以往任何时候都要多）而且研究经费金额有限，这些因素共同助长了这些人性特点。这最终会导致科学界处于超级竞争状态。

6.1 数量问题

数学家永远没有足够的时间去阅读几何学上的所有发现，发现的数量在逐日增加，似乎在我们这个时代，科学会发展成庞大的数值……

克里斯蒂安·惠更斯（Christiaan Huygens），1659 年

如果惠更斯在他那个时代就已经在抱怨“发现”的数量了，我不知道他今天会说什么，我们今天被淹没在各种数据、文章、期刊、书籍、文件、视频和无休止的论文中……毫无疑问，他对科学膨胀会达到“庞大的数值”的预测是正确的。

我们今天的学者人数太多了。我记得，我还在读大学时，曾与极少数想要攻读博士学位的同学聊起过我们能进入哪些实验室或者科研机构。当时，马德里大学一共大约有五六十位同学和我一起读完了五年的生物化学课程，我想说的是，有兴趣继续留在学术界的同学不超过 10 位或者 12 位，继续攻读博士学位的同学甚至不超过 6 位或者 8 位。如今，我看到数量多到难以置信的学生想要成为博士。我说的是“博士”而不是“学者”。事实上，根据我所工作院校的经验，相当多的学生想要博士学位的原因，是博士学位可以增加他们从事医学（也就是被医学院录取）或进入公司的机会，并不是因为他们想要进入学术界。然而，不管是哪种情况，我们的博士人数过多，而可供选择的学术职位却不够。据报道，1997 年至 2017 年，

在经济合作与发展组织（OECD）的所有成员国中，获得博士学位的人数翻了一倍。2003年至2013年，美国理科研究生获得博士学位的比例增长了近41%。然而，这些增长数字与学术职位的增长并不匹配。只有一小部分新晋博士能找到终身职位的工作。正如《教育：博士工厂》[1]一文中所言："1973年，美国55%的生物科学博士在完成博士学位后的6年内获得了终身职位，只有2%获得了博士后或其他非终身学术职位。到了2006年，只有15%的博士在毕业后6年内获得了终身职位，18%的人未获得终身职位。"《展翅飞翔》[2]这篇社论文章举例说明了这种情况："国际科学届培养的博士生远远超出了学术体系能够容纳的数量（……）全球数据很难估计，但在英国，每100名博士生中只有3到4人能获得大学的永久编制。美国的情况稍微好一点。简单来说，大多数博士生都需要做学术科学之外的生计规划。更多的大学和博士生导师必须向学生说明这一点。"

《欧洲科学家》期刊上的一篇文章《欧洲科学家"迷惘的一代"：我们如何让研究体制更可持续？》提到，"越来越多的资深博士后和其他科学家，在有了短期合同和临时职位的经验积累之后，发现自己因为没有机会获得编制而被研究体制排除在外。"在2018年图卢兹欧洲科学开放论坛（ESOF）举行的一次会议上，大家非常关切地讨论了这个问题，并提出了诸如如何让年轻科学家做好职业转变准备等问题。欧洲研究型大学联盟（LERU）组织拥有 23 个成员（截至 2018 年），它试图让政界人员和决策者了解研究型大学的现状和活动，因此编制了建议论文《LERU 大学的终身职位和终身聘用制：欧洲有吸引力的研究职业模式》的执行摘要，该论文于 2014 年发表。他们在摘要中主张在欧洲实行终身职位制。终身职位制在北美很常见，但在欧洲非常罕见，尽管一些国家有试用期，但与终身职位模式不太一样。他们认为，这一制度可以让学者在研究生涯的早期阶段引入正式的学术自治，即学术独立，并让学者受益于可规划的职业生涯道路。问题是一些国家政府几乎以极权主义方式控制科学和学术，从某种意义上讲，他们（比如西班牙）通过“录用考试”等程序来提供岗位（虽然西班牙现在有一些私立大学不完全依赖“录用考试”制度，可以聘请他们想要的人才）；因此，继续以西班牙为例，如果我要想进入一所州立大学或研究机构（CSIC），唯一的办法只有通过“录用考试”。因此，如果实行终身职位制，各国政府应向大学授予开展实验以及从实验中学习的自主权，当然还需要提供一些财政支持。

由于当今技术，尤其是互联网技术的发展，一些人开始转变为自由职业科研人员。当然，如果你不需要实验室，这是相对可行的做法。但是，即使你需要进行实验研究，你也可以与有技术的同事合作，当然这件事说起来容易做起来难。不依赖科研机构做研究有一个明显的好处，就是可以避免管理上的杂务。它还可以让你全身心专注于自己最感兴趣的主题，按照自己的意愿开展长期项目，因为你不需要去实现科研机构的优先研究指南或里程碑。得益于互联网和通信技术的迅猛发展，自由职业者之间的合作成为可能。科学界有 Slack 等社交媒体系统，人们可以通过这类社交平台来创建讨论渠道。当然，自由职业有一些明显的缺点，我认为自由职业者面临的两个最大的问题是没有工资以及潜在的孤独感。不过，加入罗宁研究所（Ronin Institute）这样的“虚拟”组织（它倡导学术独立），你可以找到每周专题研讨会、聊天、合作伙伴，甚至可以通过该研究所申请经费。另一项基于相同理念的措施是 2014 年成立的 CORES Science and Engineering 公司。我摘录了罗宁研究所在 2018 年世界执行大会（the Performing the World Conference 2018）上的报告摘要，以便更清楚地说明“学术独立”的含义：“罗宁研究所（2012）是一个由科学和人文学科学者组成的自发社区，其理念是科研人员应该创建自己的成功衡量标准。罗宁研究所以非盈利性机构的身份为广大学者提供了一种从属关系，科研人员可以凭借这种组织关系申请联邦经费和州经费。该组织还培养有机学术文化，更少关注职业生涯的里程碑，更多关注学术工作以及从事这项工作的学者情况。从而发展形成了新的学术结构，而不是去顺应机构的期望。”

科学界的竞争由来已久。纵观科学历史，无数事例见证了自我之争。我们可以说，一些事例非常诙谐，他们的事迹体现了许多科学家的自我膨胀。伽利略的傲慢自大给他引来了烧身之祸，牛顿与莱布尼兹一直对谁先发明微积分争论不休，开尔文勋爵直到临终前都不承认麦克斯韦的电磁学理论。最诙谐的事例或许当属伯努利（Bernouillis）家族，这是一个从 17 世纪中期一直延续到 19 世纪早期的数学世家，他们对数学的发展产生了巨大的影响；由于骄傲和傲慢，兄弟之间（雅各布和约翰）、父子之间（约翰和丹尼尔）反目成仇：父亲约翰出版了一本书，书中包含他儿子丹尼尔的所有流体力学思想，并把这本书的出版日期改到儿子出版前几年。他用这种可怕的方式窃取了自己儿子的思想。因此，我们可以看到，科学领域的固执和虚荣自古以来就很盛行，这在一定程度上导致了科学的竞争。

在古代，自我的大规模发展受到了一定程度的抑制，但从未完全停止，因为自我依恋是一个最为根深蒂固的人性特点。另一方面，今天科学界和学术界所依托的庞大基础设施是一种有助于自我发展的肥沃土壤，促进了对收入和实行更多行政程序和基础设施的关注，这些关注点不是传统学术的重点，传统学术更注重研究、发现和真正的学术，但是，正如本书中所述，那个时代已经一去不返了。

6.2 学术竞争的必然结果

当今学术界的超级竞争会产生多种后果。首先，竞争的性质要求能够以任何可能的原因拒绝经费申请，比如因为使用的字体有误而拒绝经费申请（具体事例请访问：https://www.nature.com/news/grant-application-rejected-over-choice-of-font-1.18686）。为了说明这一点，我们来看一些数字：在20世纪末21世纪初，加拿大卫生研究院（原来的医学研究委员会）的经费申请成功率为20%～30%，一些项目可能高达50%，而目前却维持在10%左右。美国主要的生物研究资助机构——美国国家卫生研究院（NIH）也有类似的趋势，经费申请成功率从过去的 30% 左右下降到现在的 10% 左右，有时甚至不到 10%。我的一位美籍同事称之为“统计噪声”。

我们在获得一笔经费时，经常会遇到资金不随时间增加的情况。2003 年，我获得了一笔运营经费（用于开展实验和支付实验室的一些工资），每年获得的资助金额为 35720 美元；在四年后重新申请时，每年获得的资助金额为 32435 美元；2013 年，在下一轮申请时，每年获得的资助金额为 31000 美元。你可以看到这种困境，可用资金越来越少，然而物品价格和员工工资却越来越高。在这种情况下，我们怎么做研究呢？资助机构明确说明了我们所获得经费减少的原因，即申请数额大幅增加，而机构预算却无法相应增加。正如西班牙谚语所说的“因为什么都没有，所以什么都拿不走”。

在资金不足的情况下，许多科研机构却要求学者获得一定最低数额的经费或资助，这样看来，一些首席研究员科学家几乎一辈子都在写经费申请。所以，年轻研究员们，除非在不久的将来情况有所改变，否则你们要做好准备，在进入科研机构后，每年都要写 5 到 10 份经费申请。当然，为了避免这种情况，你可以一直做博士后研究员，但问题是博士后有年限限制，超过规定年限之后，你就必须要转成助理研究员或者技术员；然后，你自然会成为一名首席研究员，但你知道这意味着什么……像买彩票一样去申请经费。《自然》期刊的一篇新闻特稿《有才华的年轻学者心生厌倦》（https://www.nature.com/news/young-talented-and- fed-up-scientists-tell-their-stories-1.20872, Nature 538, 446-449, 2016）讲述了一些青年研究员成为独立研究员所面临重重压力的一些事例。造成这种压力的主要原因正是我们现在讨论的主题，即无休止的经费申请竞争。不幸的是，获得研究经费并不意味着困难就结束了，正如一位青年科学家在前述采访中所说的话："没有资金时压力很大，有了资金压力也很大"。本书第一章讲述了经费分配和报告相关的行政管理工作。

科学界今天的激烈竞争已经给科研带来了一些破坏性后果。从科学造假到对学者研究成果的不公和过激评价（回想前文第3.2节关于学术界企业文化的论述，其中提到了斯蒂芬·格林姆自杀事件和卡罗林斯卡学院的骗局），学术界正在成为极限竞赛的赛场。的确，一些领域更容易出现科研人员之间的激烈竞争。举个例子，分子生物学领域的竞争就非常激烈；如果多名科研人员对同一个基因进行测序，只有最早公布基因序列结果的科研人员可以载入史册。医学领域研究的是用非常实用的方法来治疗疾病，是目前另一个竞争非常激烈的领域。根据我的经验，外行人，不知道什么原因，往往会认为几乎所有的生物研究都是医学研究，可能是因为媒体比较注重向公众大肆报道治疗这种或那种症状的惊人发现，或者是这种或那种疾病的原因。但是，我们必须强调，医学是一个非常特殊的领域。第一个原因是它利润丰厚，设想一下，制药公司投入了大量资金，希望能有所回报；第二个原因是它会影响医疗领域，在医疗领域，有更多的不端或腐败行为。我在攻读研究生期间，亲眼目睹了残酷的竞争。不需要讲述具体细节，我只想说，在我毕业后短短几年内，我们系几乎完全变了样……很多人要么主动，要么被迫，都陆续离开了。我也从中得到了一些感悟，从那以后，我就努力想进入竞争不那么激烈的工作单位。

6.2.1 科学推销员的诞生

学术界公司化所引发的竞争导致了另一个必然结果——另一类科学家的兴起，他们可能是科学官僚的产物：科学推销员。这不足为奇，因为资金和市场都需要推销人员。因此，学术界的货币化催生了一类科研人员，不管他或她的研究做得好不好，他或她是自己研究的销售专家。具体的做法包括：你可以使用第三章中提到的指数让大家关注如何在高影响因子期刊上发表论文，或者，你可以公布项目带来的巨额资金或者研究结果对医疗领域的重大意义。例如，我们的推销员在演讲时说的很多话会吸引不太有经验的人，那些非常了解演讲主题的人会更清楚哪些话是吹嘘，那些话是真话。如果这些人恰巧是负责人员招聘的重要行政人员，他们可能会想把演讲者吸引到他们研究所来。

媒体是另一个研究推销场所。如果记者不让其他同行来检验优秀的科学推销员取得的所谓突破性研究结果，检验这些研究如何拯救世界，那么报纸和媒体上的报道可能会吸引更多不太懂科学的官僚和政界人士的注意，他们会进一步推进这些看似惊人的科学发现。最终结果可能是，这些科学家得到了晋升、聘用或者一大笔资金，这将导致前文所述的两种情况之一。古时候，也有吹嘘研究成果的情况（即使是达芬奇和伽利略也需要说服他的资助人为他们提供工资），但在今天，我们制定了本书论述的研究评价和相关标准，科学推销员会有一个光明的前途。当然，这不是每个人都能做的。由于性格原因，不是每个人都适合做推销员。但在某种程度上，所有科学家都必须至少具备推销员的一些特质，因为我们需要说服资助机构为我们的计划提供资金，回想第 5.2 节中我们在写经费申请计划时是如何撒谎的。令人失望的是，在科学家面临的几种情况下，比如前文提到的申请经费或找工作，我们需要放宽诚实的界限。这并不是说我们要不加选择地撒谎，而是说我们必须要遵守我们这一行的游戏规则，我在本书中多次强调了这一点，这是对新入行人员的建议。

最后，这种超级竞争环境正在将学者的注意力从学术转移到资金以及短期思考和研究上，除了官僚主义，它还限制了学者创造真正创新研究的潜力。我们在企业文化相关章节已经论述过这一影响。显然，所有这些方面，包括学术界中出现的企业特征以及经费竞争和短缺，都有着必然的联系。

可行的办法

如果说我们今天面临的不可持续超级竞争的一个主要因素是博士数量，那么可以想到的直接解决办法是限制进入研究生院的学生人数。院校可以拓宽科学兴趣生的职业道路，成立信息中心向青年学生提供就业建议。按照这些思路，美国国立卫生研究院开展了一项名为“拓展科学培训经验”（BEST）的计划，旨在为学生提供一系列的职业选择准备和信息。我在职业生涯中，见过许多研究生，他们虽然努力获得了博士学位，但实际上并不热衷于进入学术界，他们真正的计划是进入医学院等其他领域。科学家、工程师或学者可以通过其他相当多的选择来获得事业的成功，即便不是纯学术环境也能事业有成。

特别是在这个大数据时代，需要数据分析师、数据科学家和数据工程师等工作，事实上，我的一个研究生就被聘为数据科学家，并且很有成就。我的建议是，从一开始就确定哪些学生不是为了探索和了解自然现象而攻读学位，这样他们就不需要花四五年的时间来攻读博士学位。这类学生很多都会觉得读博士很辛苦、很乏味、也很痛苦，我所遇到的这类学生都有这种感觉。因此，说到底，这对他们来说是一件好事，可以避免他们浪费时间去做自己并不喜欢的事情，因为其他许多岗位并不需要硕士或者博士这类学历。这样一来，研究生的数量就会开始减少，这对那些真正热爱科学、渴望学术职位的人来说非常有利，因为这些人可以因为人数减少而得到更好的培养：学生 / 教授的比例越低，培养效果就越好。

现在，一些读者的脑海中可能会浮现出在不争抢学术职位的情况下做学术研究的情景，尤其是如果你是医学生，要一边做临床医生的工作，一边在实验室做实验。现在，我们来讨论一下临床科学家这类学者。事实上，这类学者的人数很多。至少，这类学者在北美比在欧洲更受欢迎，临床科学家大部分时间从事临床工作，但临床机构会给他们安排一些研究时间……至少他们是这么认为的。因为临床科学家的最终困境与今天的科学官僚是一样的：他们自己并不真正去做研究。前文有多个章节已经讲过，首席研究员几乎没有时间做实验、分析数据、深入思考，也就是说，没有时间去做真正的研究。解决办法就是申请经费，在拿到经费后聘请实习生和员工来为我们首席研究员做实验。临床科学家所面临的情况甚至更加糟糕，因为临床医生还必须要处理一大堆行政事务。因此，在最终分析中，临床科学家要做的研究是……怎么说呢……在你的办公室里研究资助机构和类似的“研究”。如果你能承担得起每周一次的实验室会议，你的员工可以在会上向你汇报实验室状况，那么你就非常幸运。你还必须确定机构允许投入“研究”的时间；我知道一些临床科学家，他们有一半的研究时间都花在了填写许多患者的临床表格上，只有很少的研究时间，正如前文中提到的一样，研究如何取得资金。

一图胜千言，经作者同意，我在这里转载了 A. K. 兰开斯特（A. K. Lancaster）和同事们今年发表的一篇文章[3]中的一张科学生涯发展图，图中给出了学术生涯的几种其他选择。作者详细阐述了“修复就业渠道”（他们的原话）的可能办法，他们谈到了本书中讨论的一些观点，例如大集团的兴起以及学者之间的竞争。准确的说，作者认为，现有的渠道可能不是最佳渠道（因此需要修复），因为只有渠道中的学术人才被认为是好奇心驱使的独立科学家，但实际上，这不应该取决于工作类型，也就是说，你可能是公司的研究协调员，但仍然可以产出独立的科学成果，例如，在家里开发了一个模型或理论。他们将科学事业概念化为生态系统的一部分，从社会方面到学术方面共同构成科研人员的环境（有兴趣的读者，可以查看他们论文中的图2）；他们认为，通过这种方式，学者在继续为独立科学做贡献时对独立科学的追求以及对科学界的看法并不取决于你的具体职业。

我注意过外行人对研究岗位相对较少而且研究资金比其他行业少这一消息的反应，他们经常问我的一个问题是，为什么政府和决策者不在科学行业上投入更多资金，为什么体育行业或电影行业有那么多资金，而基础科学只有很少一部分资金呢？在他们看来，唯一可以解决科研人员没钱问题的真正办法是让管理人员在研究上投入更多资金。每当这个时候，我就不得不告诉他们这样一个事实，基础研究并不是真正的服务，至少不能直接为人类服务；我们这些基础科学家在短期内不会提供帮助，但从长远来看，我们所做的研究很可能有非常大的用处。当今社会要求即时回报，短期服务，很少有人能像知识分子那样有耐心，坚持数年或数十年如一日去研究某种现象。基础研究不以利润为导向。你在上面漫画八（“1 美元漫画”）中看到的贫困科研人员周围的人全都是短期服务提供者，足球运动员可以给人们带来欢乐并产生赌注，演员可以给观众带来娱乐，律师可以在被告人需要时提供保护，其他角色可以让金钱流通……正是由于这些原因，他们拥有大量的资本。我迄今为止的研究或许在遥远的将来会有用，或许永远不会有用，谁知道呢。因此，考虑到当代各国和全球的普遍情况，谁会疯狂到给我提供像尤文图斯足球俱乐部

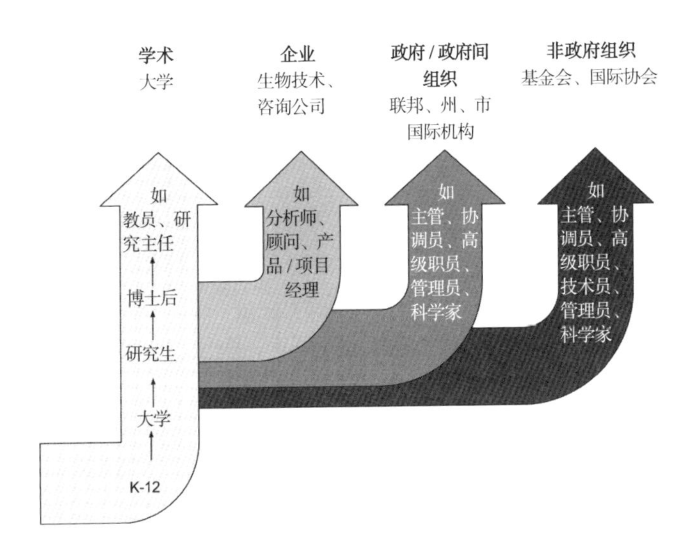

最近为了克里斯蒂亚诺·罗纳尔多支付给皇家马德里的转会费一样多的钱来做研究。

想要完全消除竞争是不可能的。首先，竞争是刻在我们基因中的印记（我们的生理特征决定了个体之间的竞争）。其次，即使我们能够掌握基因的驱动力，社会经济状况在短时间内也不会发生改变。如果人类行为的这两个主要决定因素发生变化，那么，不仅在科学领域，而且在人类活动的任何其他领域，竞争都可能让位于和谐、宁静和平静，这个谁也说不好。这些都是学者应该具备的品质，因此科学家可以更轻松地过渡到和平世界。

至少，我们科学家能做的事情是尽量不去培养和促进竞争。政府促进我们竞争就已经伤害够大了，但我们也在促进竞争；如果你在这个领域工作，你可能经常会听到和看到“卓越”这个词；这是一个非常常见的概念。我记得它在二三十年前并没有那么受欢迎，但我最近听到的都是在研究、教学、资金、学术上保持卓越……好像我们都在努力成为优秀的人。我们也在制造竞争，想要在会议或研讨会中获得最佳发帖或发言奖。设立少数重要奖项（如诺贝尔奖或菲尔兹奖）是合理的，这是公平竞争。但在我看来，学生、博士后和学者因为参加各种活动而获得无数小奖项，除了助长了自我，还促进了竞争，而且通常，哪里有狂妄自大，哪里就有大问题。我在一次佛教冥想静修中听到一些高级医学生的话，其中有一点不无道理，当时我们在讨论放低自我的好处，其中一个学生质疑在他们的工作环境中是否有可能放低自我，因为当医学生做住院医生时，他们不断收到各种赞美和奖励，告诉他们要努力变得优秀，成为最好的医生，只有这一种声音。现在，我们暂时偏离主题，讨论一个较为复杂的全球性问题，我们当代（西方）社会是自我生长的沃土，有很多关于这一主题的书籍。

参 考 文 献

[1] D. Cyranoski et al., Education: the Ph.D. factory. Nature 472, 276-279 (2011). https://doi.org/10.1038/472276a

[2] Spread your wings, Nature 550, 429 (2017)

[3] A.K. Lancaster, A.E. Thessen, A. Virapongse (2018) A new paradigm for the scientific enterprise: nurturing the ecosystem. F1000Research 7:803. https://doi.org/10.12688/f1000Research.15078.1

第七章

未来

危机时刻恰恰隐藏着转机

保罗·科埃略（Paulo Coelho），

《孤独的胜利者》（O Vencedor Está Só）

世间万物皆因缘所生，因缘所灭。任何事物都不能完全孤立存在；一切事物皆与其他事物相互关联。

释迦摩尼

我现在正处于自己科学事业的黄昏期，最初的热情和精力已经大大减退，我比以往任何时候都更渴望能在一个岗位上专心致志、安静舒缓地研究自然，没有时间压力，不用仓促地发表论文，也不用担心经费或者令人苦恼的官僚机构。本书的很多篇幅都在建议如何实现这一目标，如何在不陷入官僚闭环的情况下驾驭官僚制度。我想我已经讲得很清楚了，我认为，书中讲述的这些毫无意义的事情正在破坏今天的科学界。我们很难不去想，科学界正在转变为一家企业，正如本书中多次提到的一样。学术界和整个研究体制都受到了破坏，但这种破坏是可以恢复的，一些杰出学者已经提出了解决办法。我已经在前文多个章节强调过，我们都可以通过一些举措提供帮助。学者们表达了他们对政界人员和官僚的不满，例如前文提到的公开信《他们选择了无知》，你可以在欧洲科学网站（https://openletter.euroscienceorg/）上阅读这封信并签字支持；截至 2018 年 6 月，已有 19322 人签字。

这一叙述的主要目的是向青年学生和外行读者揭示当今科学研究的全球视角，并不是为了详细说明学术界的研究是多么组织有序……或者混乱无序。还有其他一些文章对这些问题持有类似的观点，例如本杰明·金斯伯格（Benjamin Ginsberg）所著的《医学行业的没落》和加里·罗兹（Gary Rhoades）所著的《学术资本主义与新经济》，这些文章清晰揭示了一个事实，即今天的知识不是一种公共物品，而是一种可以在盈利性活动中加以资本化的商品。我们再次思考前言中的论述，本书的内容呈现了科学事业的真正面貌，提醒科研工作者注意在从事科研的道路上可能会遇到的问题，希望不会阻止任何人加入科学行列。事实本来就是这样，我们必须让自己适应。为了证明即使在我们这个时代，不管你的研究多么基础或者纯粹，你仍然可以追随你的兴趣，寻找你想要找到的答案，后文的结语部分讲述了我实现这一目标的总体策略。

那么，我们该何去何从？一些人在读完这段叙述后，会觉得我们正在见证一些人所说的科学的终结 [《职业压倒好奇心：科学的终结？》，《实验室时代》(Lab Times) 2016 年第 3 期，http://www.labtimes.org/]，或者《科学时代的黄昏》(M. López Corredoira，http:// revistadefilosofia.com/54-09.pdf)，这一点也不奇怪。这真的可能发生吗？

我的观点是，尽管没有人能否认，科学研究实践已经发生了巨大的变化，但是一些研究方向有很好的前景，比如应用研究。然而，我认为，虽然纯粹的研究现在正面临着消失的危险，但它并不会完全消失。我持乐观态度（如果可以称之为乐观态度的话）的主要原因是，“应用—纯粹”研究是相辅相成的一对研究 [引用麻省理工大学出版社出版的凯尔索（ Kelso ）和恩斯特伦（ Engstrøm ）所著的《互补性》(Complementary Nature ）一书中的原话]，一种类型的研究需要 / 借鉴另一种类型的研究（显然，应用研究需要基础科学，但即使是最基础的研究也需要应用研究，如果你不能直接理解这一点，请深入思考）。

同样，总有一些艺术家，总有一些纯粹的科研人员（正如本书前言中提到的一样）、艺术家和科学家不愿成为功利性研究的奴隶，不考虑研究的直接实用性，努力研究自然现象，他们有许多重要的共同点，其中一点就是，真正的艺术家和真正的科学家除了从事自己的职业外，不能做其他事情。

事实上，人们可以从本书中找到乐观态度的理由，即纯粹的基础研究不会消失，学者们将继续追求他们的好奇心。许多学者和年轻科学家认识到了这种情况，并试图改变它。读者一定注意到了，许多科学家似乎很清楚许多科学事务的问题本质，政策制定者已经完全脱离了研究现实的事实，通过影响因子等量化指标对期刊、机构和个人进行排名的不公平情况，以及过度竞争。所以，既然我们大多数人都认识到了现在的情况，我们为什么不去改变它呢？我也不知道为什么。我想可能是因为惯性。我的一位同事曾用到了"从众心理"这个词。这是另一个悖论，也许是本书所揭示的最大悖论。伊莱恩·格拉泽（Eliane Glaser）在《官僚主义：学者们为何不打破论文的枷锁？》（https://www.timeshighereducation.com/features/

bureaucracy-why-wont-scholars-break-their-paper-chains/2020256.article）一文中表达了类似的惊讶，即如果几乎没有人喜欢这个制度，我们为什么不去改变它呢，并且提出了一些可能的原因，比如“填写表格可以让你从凌乱的研究挑战中解脱出来”或者“（官僚制度）提供了对绝对透明、一致和公平的幻想”，这些原因可能并不是真正的问题。她还提出了救助道路和解脱方法：“归根结底，没有集体团结，就无法抵抗”。的确如此。唯一真正可能的解决办法在于集体觉悟、集体共识和集体行为。在某种程度上，你会有这样一种印象，即我们表现得好像不知道这些事情或决定忽略这些事情。我遇到过这样的情况，当我与一些同事讨论这些事情时，他们表示不赞成影响因子或其他研究因子，然而，几天后，他们又热情洋溢地告诉我，他们有一篇论文被这个或那个高影响因子期刊录用了……我还能说什么呢？然而，本书中讨论的倡议，如《布拉迪斯拉发宣言》，可以作为乐观态度的原因。当然，这需要时间（我们面对的是可怕的官僚主义），但我认为一些方面将会恢复学术界曾经的面貌。

本书论述了几个不同的方面。科学家喜欢把这些方面联系在一起，形成某种连贯性，从中找到一个中心主题。可以想象，这一中心主题是当前全球（和全国）经济形势的结果，再加上行政管理的普及以及政界对学术界的深入参与，使得学术背离了它的初衷。如果你想改变现状，了解它的形成过程会有所帮助。一般来说，通过研究事物的起源来更好地理解现象的本质始终是一个好的策略。因此，了解造成目前局面的一系列因素将有助于找到万能方法。所以，科学历史学家和社会学家有很多工作要做。我既不是历史学家也不是社会学家，但如果可以，我想冒昧地提出一种解决这种状况的总体方案。但由于我所知有限，我的观点也相对简单。

我认为目前的状况是不可避免的，是必然要发生的，因为科学离不开社会，而现代社会受到经济问题和官僚制度的共同影响。但是，这种状况已经存在了几个世纪之久，或许今天更加突出。尽管如此，从罗马时代开始，就能看到经济是如何支配人类行为的。然而，在过去，科研人员很少，研究工作较为简单，能够避免被淹没在社会经济的洪流中（但要记住，即使是伽利略和达芬奇也需要捐助人、贵族或政治赞助人给他们提供资金）；你可以回到自己的房间去思考科学问题，不太需要先进的实验室。现在，随着技术的发展，研究的性质变得较为复杂，需要回旋加速器、共聚焦显微镜等重型实验器械……因此，必须要有大量的资金。在需要先进实验室的同时，科学家人数也大幅增加，部分原因是高校学生的增加，学生越多需要的老师越多。这两个因素促进了资金或名誉竞争，不管怎么说，学术界的竞争变得更加激烈了。再加上官僚和决策者的介入，当代现状的出现就实属必然了。这种侵犯有受到学者的抵抗吗？有发生任何抗争吗？实际上并没有。这些有行政头脑的人侵犯学术界是因为科研人员不能说不，事实上，在一开始他们可能非常受欢迎，因为这些人可以为获得更多经费铺平道路，从而为越来越复杂的实验购买更多的基础设施和设备。公司、企业、法人团体在一开始可能也很受欢迎，因为它们可以为科研人员提供资金，他们成了科学家的新赞助人，现在不需要贵族阶级提供赞助了。游戏开始了，官僚越来越多地参与研究规划，公司投入越来越多的资金，自然期望获得更多的回报，这在临床研究等一些领域导致了不可阻挡的局面，过度竞争成为常态，时而与不当行为交织在一起。众所皆知，诚然非常简单，如果这种情景是新学术制度的起源，它是否为解决整个问题指明了道路或者提出了一般方法。各章节中的“可行的办法”小节针对科研人员在职业生涯中遇到的具体阻碍提供了具体建议。正如前言所述，这些建议对学术工作者来说都是常识，但本书面向的是新入行和外行读者。然而，这些建议都是针对各种情况的具体建议。大家可能想要找到全球通用的解决办法。如前文所述，资金问题及其密切相关的公司化是造成当前状况的两个主要因素，但我们必须接受，因为它们是现代社会的基本组成方面。显然，经济问题无法补救（虽然这个问题补救无望，但可以在短期内得到缓和），而且政界人员不断侵犯，政府设立了许多办公室来监管和管理科学界。因此，主要希望似乎是避免学术机构的进一步公司化，以及着手减少学术界中的行政杂务和行政人员数量。我相信，官僚肯定对科学领域有所帮助，但请把帮助的范围限定在科学家（而不是政界人员）请求帮助的事情上。即使我们能够解决资金和官僚问题，科学家之间的竞争依然存在（尽管竞争程度低得多），因为我们所有人都在追逐自我、名誉和财富。因此，在我看来，最好的办法是（正如本书其他几个部分的建议）努力适应这种情况，尽量回避学者们目前不得不做的无数行政杂务，同时采取一些变通办法来克服具体障碍。最后，我想说一件我认为对学术届的总体情况大有裨益的事情，我在第 3.1 节也已经提到过：找到多个方面的平衡，在大集团与个体科研人员之间、假设驱动的项目与问题驱动的项目之间、功利性项目与整体项目之间更加公平地分配资源，对学者的实验室工作和行政工作进行综合全面评估。我认为，今天很多方面都存在不平衡的问题。身为一名生物物理学家，我知道正是因为不平衡，生命才得以存在，但对学术界而言，在这些问题上更加接近平衡会有好处！

通常可以通过教育来改善未来，由于教育是社会的基础，因此对儿童和青少年的良好教育可以创造一个更加美好的世界。具体到研究领域，未来取决于攻读博士和博士后学位的学生。因此，学术界在一开始就招收对自然充满好奇心、有创造力、思想开放和大胆自信的学生非常重要。他们的各类思想通常会改变人们对事物的认知方式，并有可能彻底改变观念，正如乔治·萧伯纳（George Bernard Shaw）所言："明白事理的人让自己适应世界；不明事理的人想让世界适应自己。因此，所有的进步都取决于不明事理的人。"然而，我认为，评价学生，尤其是研究生水平学生的标准往往非常缺乏远见。虽然可以理解，较低水平教育（本科）的重点是成绩，因为没有太多的标准来评判年轻学生，我和其他学者认为，在更高程度的教育水平上，应该削弱课程成绩的相对关联，与其他学术能力衡量标准相互平衡。目前的教育趋势喜欢知识广博的人，即海因茨·冯·福尔斯特（Heinz von Foerster）所说的"平凡"的人[《理解理解》(Understanding Understanding)，施普林格出版社]，也就是希望能培养输入—输出型人才，给他提供一个输入（通常是以问题的形式）和一些信息，他就能得到一个精确的确定输出（答案）；这是保证在考试中得 A 的惯常做法。因此，完美的成绩可能意味着完美的平凡。根据我的经验，成绩很好的学生并不能成为最出色的科学家，我所说的最出色的科学家是指具有创造性思维、非凡智力和真正有兴趣寻找问题答案的科学家。我亲眼目睹过一些真正优秀的学生所面临的极大困难，他们拥有足够的创造力和精神自主权，可以成为不平凡的人，但却因为成绩不太突出，没有墨守成规而受到了相应的惩罚，这是何其不幸。当然，这也与本书中多次提到的学术及资助机构不重视冒险性创造力有关。因此，我主张对学生进行更均衡的评判，让导师推荐信和其他成就衡量标准的权重高于分数。

最后，我会对即将进入研究领域和学术界的年轻研究员提出什么建议呢？我建议你用“是”或“否”来明确回答第一个问题，你是否热衷于寻找自然现象以这种方式而非另一种方式发生的原因；换句话说，你是否为了了解自然而活，反过来说，你是否要从事一份了解自然的工作才能活下去。如果你第一个问题的答案是“否”，如果你的热情不是非常强烈，如果你是为了生活而工作，那么你可以考虑更换职业道路，离开学术领域，或许可以创业或者进入临床领域，再或者可以进入法律领域，比如专利局；上一章论述了科学界中的其他职业选择。但如果你的回答是“是”，如果你无法抑制自己了解自然的热情，如果你不在乎研究自然现象的工作报酬过低，那么恐怕你就没有选择了，就像我大学毕业时一样，因为那时我就知道研究是我的生命，是我的爱好。这样一来，我的朋友，你就必须竭尽所能进入学术界，沿着寻常道路，获得博士学位，成为博士后，参与本书中提到的我们科研人员和其他行业的任何其他人的行业游戏。游戏参与程度取决于你自己和你的理解能力。虽然未来无法准确预测，但有些事情是可以预料的；记住，许多学者和机构的思想正在发生本书中阐述的逆流而上的新变化，他们在努力恢复真正的学术，由此可以预测科学事业将会越来越好。不过，这需要时间。它在很大程度上取决于我们这些科学家。

结 语

如果上一节的话语还不足以让你充满希望，最后，我们再来讲述一些鼓励的话语。我在前几段中说过，在多多少少的学术生涯过程中，我们都可以避开很多行政工作和行业游戏。我本人就是一个例子，就让我来说说我所遇到的事情，以及我的应对方法吧。因为，不管这个时代的科研状况如何，你仍然可以努力投入到研究工作中，避免科研人员遇到的重重困难。世上无难事，只要肯登攀。这就是我的方法。

首先，我必须承认我很幸运，当我在 20 世纪 80 年代开始从事研究事业时，科研单位和学术界在公司化和行政方面的巨大变革尚未达到今天的规模。那个时候，我还有时间思考，有时间考虑向大自然提出的问题。我仍然可以想象一种科学生活，我能研究吸引我兴趣的自然现象，更重要的是，我会亲自在工作台上做很多研究工作，因为这是我喜欢做的事情，我是一名实验人员，仅此而已。

不久之后，我第一次接触到了相对较新的学术做事方法：能够进入实验室工作和攻读研究生学位的几乎所有重要条件都是本科成绩优异……再加上一些好的关系，如果你有关系的话。像我过去那样，光有浓厚的研究兴趣和对自然现象的好奇心是不够的。我想到了进入企业，但我已经知道企业中的研究是另一种我想要进行的研究：我要研究自己想要研究的问题，而不是公司为了赚钱想要研究的问题。然而，我经过一年多的努力进入了实验室，想要完成博士学位，这样以后我就能够进行独立研究了。我终于找到了一个实验室，几年后获得了博士学位。正是在我读研究生的那段时间，我感悟到了学术界，更准确的说是专业学者的一些基本特征。因此，我亲身经历了为了得到自然现象的具体答案而开展的各种竞争、较量和研究策略，我学会了如何提出适当的问题以及如何制定研究计划，并且明白了经费的重要性。那个时候，我仍然看到首席研究员亲自花时间在实验室做实验，所以我的内心并不恐慌。当然，那个时代分心的事情也比现在少得多，因为没有互联网，没有电子邮件，没有手机，没有不间断的通信，这些都是今天通信时代的典型特征。

我带着这个思想，开始攻读博士后学位，感谢北约给我提供机会。我希望能尽快开始研究我自己感兴趣的问题，我做到了。在这里，我了解到了让实习生和实验室其他人员发展自己的方法、想法和兴趣的重要性，所以，它是适合我的完美实验室。但正是在这个时候，官僚主义和新标准快速传遍了整个科学界。尽管认识到了这些新的形态，但因为我非常甘愿全身心投入到实验中，所以我想我可以推迟以独立科学家的身份正式进入学术界的时间。要知道，我当时已经是独立科学家了，因为我自己开发了很多项目，也参与了实验室要求的其他项目。事实证明，如果你想成为一名独立的科学家，推迟这种必然发生的事情其实是一个错误。具体原因已经在第 1.1 节“闭合循环”中提到了，我本来没有预料到这些原因，但我在申请工作时很快就意识到了：我做了太长时间的博士后，因此我的创造力和独立性受到了怀疑。我还发现，科学界的趋势并不适合通才，科研机构想要的是特定领域的专家，因此我的多学科身份（生物化学家、分子生物学家、生物物理学家、电生理学家和计算神经学家）并没有起到太大的帮助（第 3.2 节提到了新标准所形成的当前高度专业化趋势）。

一段时间之后，我终于找到了一份独立的工作，我知道我必须参与本书中讲述的科学界游戏，这样我才能够研究我感兴趣的问题。于是，我开始写经费申请，尽可能多发表论文，在简历上填写第 4.2 节中提到的各项免费工作。我还了解到一些学术界新人为了更好的未来而采取的一种共同策略：在刚被录用后不久，就开始留意更好（也就是，更知名）科研机构的工作机会。但是，除了不太随波逐流，我很清楚自己想做什么：做研究、做实验、分析数据和思考。如果目前任职的机构能让我专心做我想做的事情，我为什么还要去其他（更知名的）机构呢？我预见到了潜伏的官僚主义，所以我尽可能地回避了各种专家小组、委员会和其他行政职务，把这类职务减少到最低限度；我基本上只管理我的实验室，我做事很有效率，这样我就可以全身心地做实验。我的秘诀是要尽可能快速地处理完这些行政事务，不要陷入前文提到的行政循环当中。此外，你还要小心避开容易迷失自我的新诱惑：上网、依恋邮件……今天，我们很容易偏离真正的研究！我也经历过这些干扰，但是当我意识到这个问题时，马上改正了自己的行为，控制住了自己继续上网查找更多资料的冲动；问题是，必须要每天每小时定时进行这种行为控制，这是我们这个时代通信行业的力量。而且，我渐渐地发现，像买彩票一样申请经费太无聊乏味了，所以我的经费申请在逐年减少。我还了解到，正如第3.1节所述，功利性的研究很受青睐，所以我做了一些资助机构喜欢的典型项目，因为这些项目可以在短期内产生一些实际收益。总会有一些未用完的资金可以分配给我们在实验室里所做的更冒险的项目。

上述态度具体包括不参与专家组或普通行政工作、减少经费申请以及为了能有时间在实验室工作而决定培养其他方面的能力，最终结果并非完全出乎意料：我的定期评审结果并没有提高，反而下降了。但我并没有因此觉得烦恼，因为我同样清楚地知道自己想要什么，当研究所所长并不是我想要的（回想第一章“可行的办法”当中的建议，不要拥有太高的权力。）当然，这是我的目标，我知道那些渴望更加出名的人将会做出不同的行为，并且会更多地参与我们科学界的游戏，只是我自己把它缩减到了最低限度。我还发现，我有好几次都恰恰是因为全职科研人员身份而给自己带来了不利影响。例如，我提交的一项经费申请收到了这样的评价，在我的简历随附论文中，以第一作者身份发表的论文数量比以资深作者或最后作者身份发表的论文要多，审稿人希望我是资深作者或最后作者。前文已经论述过，论文的作者身份通常是根据作者对项目的贡献大小决定的，因为我是全职科研人员，我在几项研究中做了大量的工作，所以我是第一作者，但要记住我们的游戏规则：我应该是资深首席研究员，让其他实习生为我工作，因此，我基本上应该是（至少从我成为资深首席研究员开始）最后作者。我还发现，唯一重要的论文是同行评审论文，所以，就算像我过去一样，花费很长的时间和很大的精力去写书或者做编辑，在审稿人员眼里都是一文不值。尽管如此，这一切在我看来都能接受，我非常喜欢我的研究。所以你看，我们有办法可以避免成为第一章中所述的那种科学官僚。

但是，所有美好的事情都会终结，由于经济困难，我的职位最终被终止了。所以我不得不想办法继续做研究，在我生命的此时此刻，这件事几乎完全阻挡了我对学术生涯的所有专注。因此，我加入了第6.1节中提到的一家培养独立学术的机构。现在，我终于有时间思考了，但我没办法做实验，因为我已经没有实验室了。我适应了新环境，因此我现在专攻不需要工作台和实验受试者的理论研究。我必须承认，有时间认认真真、心满意足地做实验是我最得意的发现之一，可惜我不能就这个发现发表论文。我认为我的另一个最好的发现是，发现了许多与我合作或交流意见的优秀学者，多亏了他们，我们才能推动知识的发展（当然程度非常有限）。我一直很钦佩老一代科研人员，他们可以花费几年，甚至几十年的时间去完成一项工作、实现一个目标。今天，我们总是不停地盯着时间，我们成了时间表的奴隶，失去了专注于当前工作的能力。在科学领域，我们很多人都像朝圣者一样，缓慢地朝着我们的目标前进；但要记住，在朝圣的路上，虽然目标很重要，但最重要的是享受旅途。